MANUAL DE ENERGIA SOLAR
SOLARCURENT PRIMER
LIBRETTO CORRENTE SOLARE
SOLARSTROM FIBEL

Bibliografische Information der Deutschen Nationalbibliothek:
Die Deutsche Nationalbibliothek verzeichnet diese Publikation in der Deutschen
Nationalbibliografie; detaillierte bibliografische Daten sind im Internet über
< http://dnb.d-nb.de > abrufbar.

© 2007 Wilhelm L. Schroll
Satz, Umschlagdesign, Herstellung und Verlag:
Books on Demand GmbH, Norderstedt
ISBN: 978-3-8334-6059-3

MANUAL DE ENERGIA SOLAR

Dipl.-Ing. Wilhelm Schroll

Índice

1 Observaciones previas 7

2 Términos técnicos 9

3 Conocimiento básico 11
   3.1 Unidades eléctricas 11
   3.2 Datos técnicos 11

4 Ejemplo de aplicación 19
   4.1 Condiciones constructivas 19
   4.2 Concepto de suministro 20
   4.3 Marco de costes 21

5 Dimensionamiento de las instalaciones de corriente de energía solar 23
   5.1 Determinación de la necesidad total de energía por día 23
   5.2 Dimensionamiento del generador solar 23
   5.3 Dimensionamiento de la capacidad de almacenamiento 24

6 Agrupación de valores empíricos 25

7 Mantenimiento de la instalación 27

8 Anexo 29
   8.1 Mapa de Formentera 29
   8.2 Instalación de corriente de energía solar Casa Christiane 30

1 Observaciones previas

Generar energía ecológicamente, sin ruidos ni emisiones en el propio terreno es posible gracias a la fotovoltaica. Esta tecnología que se emplea en el espacio para la generación de energía en las estaciones y satélites, se aplica cada vez más frecuentemente en la Tierra y se ha convertido, en los últimos años, en una alternativa limpia al suministro convencional de energía de combustibles fósiles.

El presente manual está pensado para todas las personas interesadas en la corriente por energía solar. Pretende facilitar la iniciación en la materia para los no expertos y presentar soluciones para la puesta en práctica de las llamadas "soluciones autárquicas individuales, autodependientes", con renuncia a los grupos generadores de emergencia.

El concepto de suministro seleccionado prevé para ello un circuito de corriente continua de 12 voltios para un suministro básico de luz y agua, así como un circuito de corriente alterna de 230 voltios para los aparatos de cocina y trabajo. Las ventajas resultantes frente a los consumidores de corriente alterna se encuentran en las líneas de servicio generalmente elásticas de los consumidores de corriente continua de 12 voltios, que son capaces de garantizar un suministro de luz y agua incluso con cuellos de botella en la carga y una tensión de la batería de aprox. 9,5 voltios.

2   Términos técnicos

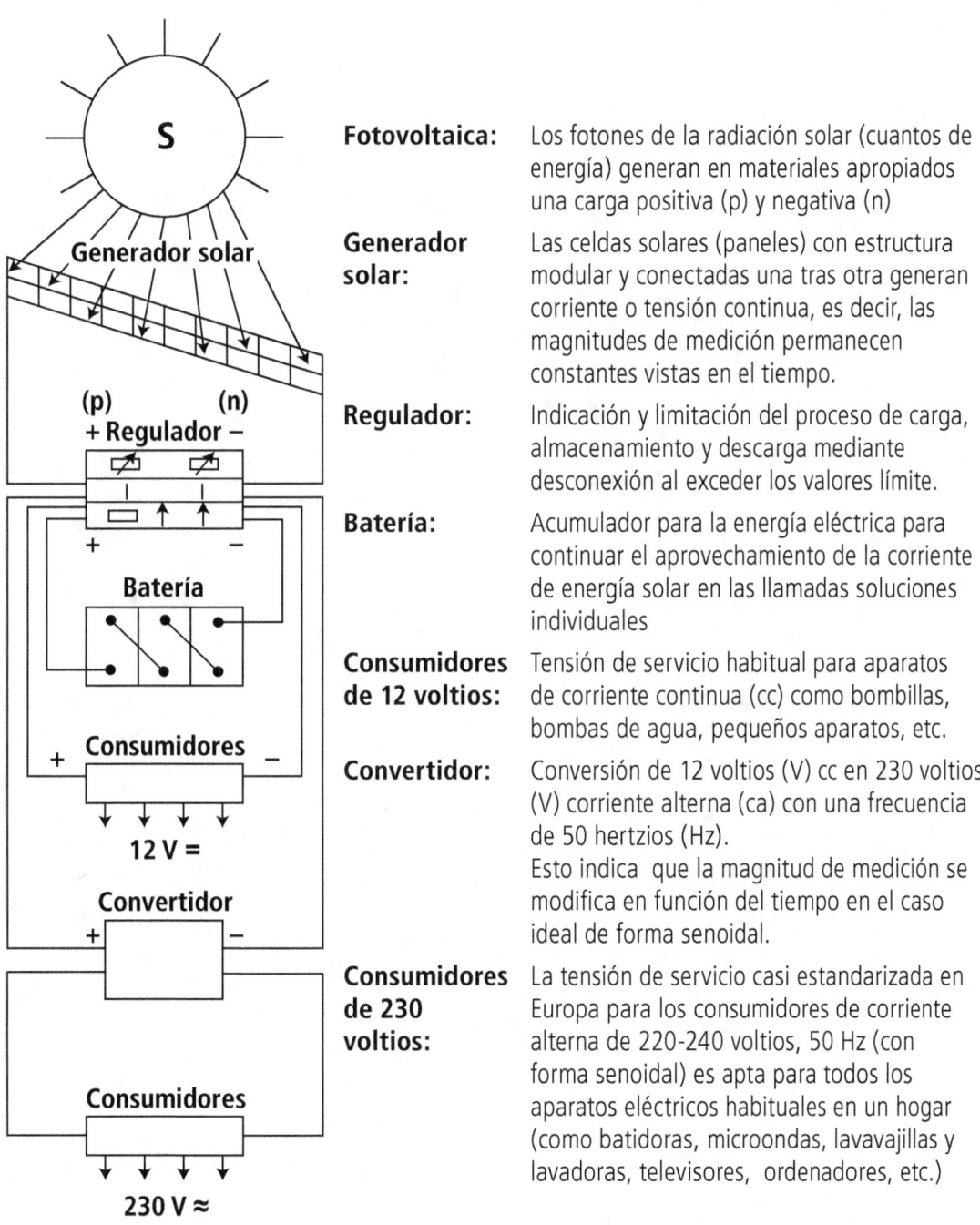

Fotovoltaica: Los fotones de la radiación solar (cuantos de energía) generan en materiales apropiados una carga positiva (p) y negativa (n)

Generador solar: Las celdas solares (paneles) con estructura modular y conectadas una tras otra generan corriente o tensión continua, es decir, las magnitudes de medición permanecen constantes vistas en el tiempo.

Regulador: Indicación y limitación del proceso de carga, almacenamiento y descarga mediante desconexión al exceder los valores límite.

Batería: Acumulador para la energía eléctrica para continuar el aprovechamiento de la corriente de energía solar en las llamadas soluciones individuales

Consumidores de 12 voltios: Tensión de servicio habitual para aparatos de corriente continua (cc) como bombillas, bombas de agua, pequeños aparatos, etc.

Convertidor: Conversión de 12 voltios (V) cc en 230 voltios (V) corriente alterna (ca) con una frecuencia de 50 hertzios (Hz).
Esto indica que la magnitud de medición se modifica en función del tiempo en el caso ideal de forma senoidal.

Consumidores de 230 voltios: La tensión de servicio casi estandarizada en Europa para los consumidores de corriente alterna de 220-240 voltios, 50 Hz (con forma senoidal) es apta para todos los aparatos eléctricos habituales en un hogar (como batidoras, microondas, lavavajillas y lavadoras, televisores, ordenadores, etc.)

3 Conocimiento básico

3.1 Unidades eléctricas

N° corr.	Magnitud de medición	Unidad de medición		Denominación alternativa
1	Tensión eléctrica (U)[1]	1 voltio (V) 1000 V	= 1000 milivoltios (mV) = 1 Kilovoltio (kV)	Diferencia de potencial
2	Corriente eléctrica (I)[1][2]	1 amperio (A) 1000 A	= 1000 miliamperios (mA) = 1 kiloamperio (kA)	Intensidad de la corriente
3	Potencia eléctrica (P)[1]	1 vatio (W)=1 Vx1 A=2 Vx0,5 A 1000 W=1 kilovatio (kW)		Potencia del generador solar/ consumidor
4	Energía eléctrica (E)[2]	1 vatio hora (Wh) 1 amperio hora (Ah)	=1 Wx1h =4 Wx0,25h =0,25 Wx4h =1 Ax1h =0,25 Ax4h =4 Ax0,25h	Capacidad de carga, descarga o almacenamiento

3.2 Datos técnicos

Celdas solares: los datos de los fabricantes de las celdas solares se basan en *las condiciones de ensayo estándar (CEE)* internacionales:

< radiación solar G (radiación global): .... 1000 vatios/m^2
< Temperatura de servicio T: .... 25° Celsio
< Longitud del recorrido de un rayo de sol directo en
  la atmósfera de la Tierra (Air Mass) : .... AM – 1,5

---

[1] Para calcular la potencia solar y de los consumidores
[2] Para dimensionar la capacidad de almacenamiento de una batería

Entre los términos más importantes figuran:

Tensión nominal U_p	Diferencia potencial con la capacidad máx. de carga • celdas monocristalinas: 0,48 V por celda • celdas policristalinas: 0,46 V por celda $$\text{—[} C_1 \text{]—[} C_2 \text{]----[} C_{36} \text{]—• +}$$ $$ \text{1 pannel}$$ $$\text{—————————————————————•—}$$ Es decir: con un módulo solar (panel) de 36 celdas monocristalinas (C) conectadas en serie, U_p = 36 C x 0,48 V/C = 17,3 V
Corriente nominal I_p	Intensidad de la corriente con la capacidad máx. de carga • celdas de 10 cm x 10 cm: 2,8 – 3,3 A por celda • celdas de 15 cm x 15 cm: p. ej. 7,54 A por celda es decir, un módulo solar (panel) con 36 celdas de 15 cm x 15 cm monocristalinas conectadas en serie dispone de la corriente nominal de una celda individual, p. ej. **7,54 A**. Un aumento de la corriente nominal se logra mediante la conexión en paralelo de los paneles solares: [diagrama de 2 paneles en paralelo con celdas $C_1, C_2, ..., C_{36}$ y $C_{1'}, C_{2'}, ..., C_{36'}$] **2 pannel** La corriente nominal I_p de la instalación será entonces p. ej. con: • 2 paneles de resp. 7,54 A = 15,08 A • 3 paneles de resp. 7,54 A = 22,62 A ... etc.
Potencia nominal P_p	**Potencia del generador solar referida a las condiciones estándar de ensayo (CEE).** Corresponde al producto de tensión nominal U_p y corriente nominal I_p: p. ej. 17,3 V x 7,54 A = 130 vatios (W) o también 130 voltios - amperios (VA)
Tensión de funcionamiento en vacío U_L	**Diferencia de potenciales con circuito de corriente abierto ($I_p = 0$)** En el caso las celdas cristalinas, suele situarse generalmente del 23 al 25 % por encima de la tensión nominal U_p, p. ej. 17,3 V x 1,25 (25 %) = 21,63 V. Reproducible a través de la línea característica de las celdas (U_p e I_p como función de la radiación solar y temperatura).

Corriente de cortocircuito Ic	**Intensidad de la corriente con la capacidad máx. de carga y conductos cortocircuitados.** En las celdas cristalinas, se suele situar entre un 6-12 % por encima de la corriente nominal I_p, p. ej. 7,54 A x 1,12 (12 %) = 8,44 A, y generalmente no tiene influencia perjudicial sobre las celdas solares, en la medida en que se trate de un estado de servicio corto en el tiempo.
Grado de eficiencia η	**Grado de eficiencia de conversión (sol / corriente) con la capacidad máx. de carga.** • en celdas monocristalinas: .... 13-16 % • en celdas policristalinas: .... 10-15 % • en celdas amorfas de capa delgada: ....3- 8 % es decir, un panel con una potencia nominal P_p de 130 W y una superficie total de celdas 0,81 m^2 corresponde a una P de 130 W / 0,81 m^2 = 160 W/m^2 y ofrece, en relación con la CEE para la radiación total de 1000 W/m^2 un η de 160 W/m^2 : /1000 W/m^2= 0,16 (=16 %), en comparación, una bombilla convencional sólo tiene una η (corriente / luz) de aprox. el 5 %. ¡En este caso no entran las „bombillas de ahorro de energía"!

Diodos de protección D	**Elementos constructivos para la protección contra efectos negativos sobre los paneles solares (diodo bypass B-D) y batería de almacenamiento (diodo Schottky Sch-D):** 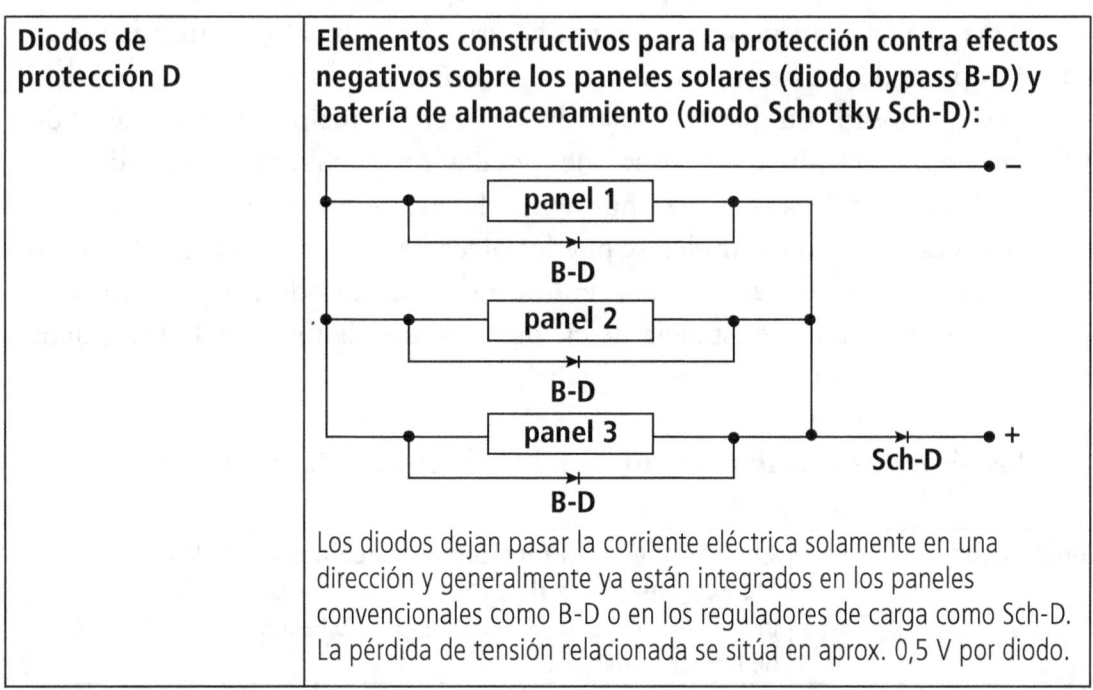 Los diodos dejan pasar la corriente eléctrica solamente en una dirección y generalmente ya están integrados en los paneles convencionales como B-D o en los reguladores de carga como Sch-D. La pérdida de tensión relacionada se sitúa en aprox. 0,5 V por diodo.

Regulador de carga L	**Limitación del valor de corriente y tensión del generador solar a la batería de almacenamiento, independientemente de la actual potencia de carga.** En las funciones estándar de protección para las baterías de almacenamiento figuran: • Protección contra la descarga inversa • Protección contra la sobrecarga • Protección contra la descarga total con, p. ej. la siguiente configuración del regulador: • Tensión de marcha en vacío (batería de 12 V): .... 21,3 V • Umbral de tensión – sobrecarga: .... 2,45 V/Z • Umbral de tensión – descarga total: .... 1,85 V/Z • Indicación del rango límite: óptica / acústica El consumo propio del regulador debería ser inferior a 12,5 mA = 0,0125 A.
Secciones de cables	**La selección de las secciones de los conductos se efectúa según el valor de la corriente nominal I p**, donde una densidad de corriente de 2-4 amperios/mm² debería considerarse como valor orientativo para delimitar las pérdidas de potencia.

Batería de almacenamiento: es un elemento constructivo para poder aprovechar la corriente generada por la energía solar. En la aplicación denominada también fotovoltaica, se utilizan preferentemente baterías de plomo (= acumulador de plomo). A pesar de la diferente denominación, en principio se trata siempre de 2 electrodos de plomo con distinta polaridad (+/-) en un recipiente lleno de ácido sulfúrico. Bajo determinadas condiciones pueden producirse procesos químicos reversibles. Ello conlleva el aprovechamiento de que es posible absorber recíprocamente energía (carga) y también se puede volver a entregar (descarga). El grado de eficiencia de carga debería situarse en un 95 % y la autodescarga en un 5 %. Con la correspondiente resistencia de ciclos del acumulador, la vida útil puede ser de 20 años según indicaciones del fabricante.

Entre los términos más importantes para las baterías solares figuran:

Tensión nominal	**Corresponde a la tensión de las celdas de 12 V en los acumuladores de plomo** o a un múltiplo de las celdas individuales conectadas en serie, p. ej. 6 celdas x 2V/celda = 12 V de tensión nominal.

Capacidad nominal	**Corresponde a la capacidad de almacenamiento de una celda medida en horas amperio (Ah) y depende del tamaño del electrodo.** La capacidad aprovechable es mayor cuanto menor se elige la corriente de descarga o cuanto más prolongado se elige el tiempo de descarga. Una capacidad nominal de p. ej. 1240 Ah-K100 indica de que se refiere a una descarga de 100 horas.
Corriente nominal	**Es el cociente de capacidad nominal y tiempo de descarga, p. ej.** 1240 Ah : 100 h (K100) = 12,4 A
Densidad electrolítica	**Magnitud de medición para el ácido sulfúrico diluido en las celdas de almacenamiento.** Se orienta en los datos del fabricante sobre el nivel de llenado nominal y la temperatura nominal en el estado de servicio completamente cargado. Como unidad de medición se utilizan gramos por cm^3 (g/cm^3), kilogramos por dm^3 (kg/dm^3) o por litro (kg/l). En función de los tipos, la densidad nominal en estado cargado es de aprox. 1,24 g/cm^3, siendo la temperatura de servicio generalmente de 25 °C. Una superación de la temperatura conduce a una reducción, y una insuficiencia, a un incremento de la densidad. Como valor orientativo en ambas direcciones se aplican aprox. 0,007 g/cm^3 por 10 °C de cambio de temperatura. En baterías completamente descargadas se observan densidades electrolíticas de alrededor de 1,08 g/cm^3. **Debido al contexto lineal de la densidad electrolítica y al estado de carga de una batería, una medición de la densidad es especialmente indicada para una estimación segura de la reserva de capacidad de las baterías.**
Datos de servicio	**Al adquirir una batería, el proveedor deberá proporcionar p. ej. los siguientes datos:** • Tensión nominal: ....12 V • Capacidad nominal:..1240 Ah-K100 • Densidad electrolítica, cargada: .... 1,24 g/cm^3 descargada:............................. 1,08 g/cm^3 • Tensión final de carga:...14,8 V • Tensión final de descarga:...11 V • Autodescarga con una temperatura de servicio de 40 °C:4,5 %

Convertidores: convierten la corriente continua (CC) generada por el generador solar a la corriente alterna deseada (CA), p. ej. 12 V de CC en 230 V CA.

Las potencias nominales que se pueden alcanzar de esta forma están limitadas prácticamente por las altas corrientes eléctricas en el lado de la corriente continua:

Potencia nominal de fatiga (vatios)[3]	Lado de corriente continua (vatio = voltio x amperio)	Lado de corriente alterna (vatio = voltio x amperio)
2.600	= 12 x 216,7	= 230 x 11,3
3.300	= 24 x 137,5	= 230 x 14,4
4.500	= 48 x 93,7	= 230 x 19,5

Ejemplo: una potencia nominal de fatiga del convertidor de 2.600 W exige en el lado de corriente continua de 12 V una conexión de 216,7 A: 2 A/mm² (densidad de corriente)= unos **110 mm²**, en el lado de la corriente alterna, por el contrario, para la misma potencia nominal basta con una sección de cable de 11,3 A : 2 A/mm²= unos **6 mm²**.

Es posible duplicar o multiplicar el valor de conexión en el lado de la corriente alterna de p. ej. 2.600 W mediante la conexión en paralelo de dos o varios convertidores del mismo tipo. La condición para ello es no obstante que los demás componentes de la instalación de corriente de energía solar (superficie del panel, capacidad de la batería, conductos, reguladores, etc.) estén diseñados en función de ello.

Los convertidores con modelos más recientes alcanzan una eficiencia alrededor del 95 % con respecto a la potencia nominal. Es decir, si el convertidor está sobredimensionado o sólo parcialmente aprovechado, el grado de eficiencia se reduce a costa del consumo propio. Por ello, los aparatos modernos están equipados con una opción de "Derivación" que desconecta automáticamente el convertidor en caso de marcha en vacío (falta de consumidores de corriente alterna) y no lo vuelve a conectar plenamente hasta una potencia de consumo de p. ej. 50 W.

---

[3] en algunos casos se indica también como voltio-amperio (VA)

Datos de servicio	Los datos del fabricante para convertidores son p. ej.:
	• Tensión nominal de la batería: .... 12 V CC
	• Tensión de entrada: .... 11,5-16,5 V CC
	• Tensión de salida: .... 230 V CA-50 Hz senoidal
	• Potencia nominal de fatiga: .... 2.600 VA
	• Corriente nominal de salida: .... 12 A CA
	• Máx. intensidad: .... 28 A CA
	• Grado máx. eficiencia: .... 95 %
	• Temperatura de servicio: .... de -40 a 60 °C
	• Peso: .... 45 kg

4 Ejemplo de aplicación

En el caso de la instalación de corriente de energía solar seleccionada a modo de ejemplo se trata de un suministro autónomo con corriente propia sin generador de emergencia para una vivienda aislada situada en una zona verde protegida y cubierta de pinos en la isla balear Formentera, en España. (ver **anexo** 1)

4.1 Condiciones constructivas

La propiedad construida en 1984 primero como casa vacacional[4] y utilizada desde 1998 como residencia permanente, corresponde en su forma y aspecto al estilo típico de fincas de la isla con plantas principalmente rectangulares (ver figura 1).

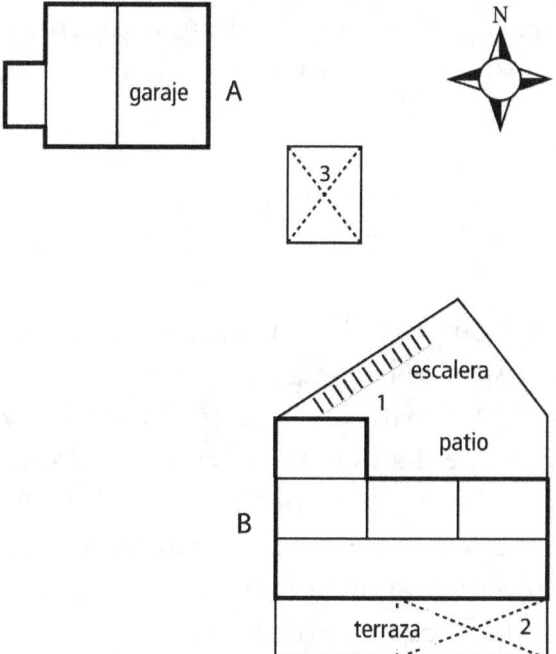

Fig.1: planta de casa vacacional con suministro de corriente de energía solar (escala 1:352)

---

[4] Ubicación geográfica: 1°31'35" longitud Este; 38°40'15" latitud Norte; 72 m sobre el nivel del mar

El edificio principal A posee un techo plano, el edificio segundario B, un techo inclinado. Encima del techo plano se han montado, de forma protegida contra fuertes vientos, con un ángulo de inclinación de 32º, los paneles solares orientados hacia el Sur.

Los reguladores de carga, las baterías de almacenamiento, los convertidores y las cajas de conexión están instaladas en un espacio *1* ventilado y protegido del sol debajo de la escalera que sube al tejado.

El suministro de agua al edificio principal se realiza a través de dos depósitos sobre el tejado de 350 litros, que se llenan desde la cisterna de la terraza *2* (35 m^3) y / o desde la cisterna del patio *3* (10 m^3) mediante bombas de 12 V cc controladas por flotador. El edificio contiguo construido posteriormente es abastecido exclusiva y directamente a través de la cisterna del patio. Las aguas residuales del edificio principal y secundario se filtran al subsuelo arenoso a través de 2 fosas sépticas de 3 cámaras que están separadas.

El frigorífico, la cocina, y el suministro de agua caliente para la lavadora y el lavavajillas y para el uso personal, y tres radiadores de calefacción funcionan con gas butano.

4.2 Concepto de suministro

El mantenimiento del circuito de corriente continua de 12 V como base para un suministro básico de luz y agua en comparación con un circuito de corriente alterna de 230 V para los aparatos de cocina y trabajo, televisor, secador de pelo, etc., genera adicionales reservas de seguridad para cuellos de botella extraordinarios en el suministro. Al contrario del convertidor, que se desconecta automáticamente al descender la tensión de la batería a unos 11,5 V para prevenir daños, una bomba de agua accionada con 12 V cc o una bombilla de 12 V cc sigue funcionando incluso con menos de 10 V cc de tensión de batería, y ayuda de esta forma a puentear, sin generador de emergencia ni emisiones (gases de escape, partículas de hollín, ruido, vibraciones, etc.) cuellos de botella en el suministro que superan el tiempo de reserva calculado.

4.3 Marco de costes

La instalación de corriente de energía solar fue explotada a partir de 1986, primero, como instalación de corriente continua de 12 V para usos de iluminación, conforme a las posibilidades técnicas posibles y requisitos de aquel tiempo. No fue hasta años después cuando se efectuó la adaptación gradual a la situación actual:
- circuito de corriente continua de 12 V para la iluminación y bombas de agua, así como pequeños aparatos, etc.
- circuito de 230 V de corriente alterna para electrodomésticos, televisores, teléfono, ordenador, etc.

Los gastos invertidos para ello, incl. los gastos de montaje y los impuestos sobre la venta están resumidos en la siguiente tabla y ascienden en su suma, con una vida útil media de la instalación de 20 años y un interés aplicado al capital invertido del 5 %, a una amortización anual de unos 1.200 €. Frente a ello existe una potencia anualmente alcanzable de unos 600 kilovatios hora (kWh), lo que corresponde a un precio de la corriente de 1.200 €: 600 kWh = unos 2 €/kWh.

Componentes solares	Valores de la potencia	Precio	Observaciones
Paneles solares	4,5 m²/650 Wp	8.820 €	Cía. ATERSA Cía. ISOFOTON
Batería de almacenamiento	1.240 Ah/14.880 Wh	2.800 €	Cía. TUDOR
Regulador de carga	12 V/35 A	180 €	Cía. MORNINGSTAR
Convertidor	12 V CC/230 V CA 2600 W 50 Hz senoidal	3.200 €	Cía. TRACE
Suma (bruta)		**15.000 €**	

5 Dimensionamiento de las instalaciones de corriente de energía solar

5.1 Determinación de la necesidad total de energía por día

El siguiente resumen de las necesidades está basado en una lista de consumidores con una duración de uso diaria estimada (ver **Anexo 2**):

Página nº	Consumidores de 12 V GS Potencia; Neces. de energía media por día			Consumidores de 230 V WS Potencia; Neces. de energía media por día			Base para el dimensionamiento Potencia; Neces. de energía media por día		
	(W)	(W/d)	(Ah/d)	(W)	(Wh/d)	(Ah/d)	(W)	(Wh/d)	(Ah/d)
	1	2	3=2:12 V	4	5	6=5:12 V	7=1+4	8=2+5	9=3+6
1	496	595	49,40	856	360	30,05	1.352	955	79,45
2	150	177	14,70	2.423	1.380,5	98,40	2.423	1.380,5	129,80
3	78	55	4,50	-	-	-	78	55	4,50
Suma	724	827	68,60	3.279	1.540,5	128,45	4.003	4.322,5	unos 194
+ 2,5 % de 1240 Ah (autodescarga de la batería):									aprox. 31
+ 2,5 % de 130 Ah (pérdidas convertidor):									aprox. 3
+ 5,0 % de 194 Ah (pérdidas de los conductores):									aprox. 10
Necesidad diaria de energía necesaria en horas amperio (Ah):									aprox. 238

5.2 Dimensionamiento del generador solar

238 Ah/día	:	53 Ah/día/m²	=	unos 4,5 m²
Consumo de energía necesario (determinado)		Capacidad de carga posible (medida)		Superficie necesaria del panel (recomendada)

5.3 Dimensionamiento de la capacidad de almacenamiento

238 Ah/día	x	**5 días**	=	**1.190 Ah**
Consumo de energía necesario (determinado)		Tiempo de reserva para día sin sol (observado)		Capacidad de almacenamiento necesaria de la batería (recomendado)

6 Agrupación de valores empíricos

Magnitudes de referencia	Valor característico	Condiciones marginales
Energía de carga de generadores solares: por día y m² de superficie del panel:	**40-60 Ah/m²/día**	Paneles solares orientados hacia el Sur con un ángulo de inclinación de 32º respecto a la horizontal y a ser posible sin sombras
Necesidad de energía de carga en relación con el consumo de energía determinado:	**1,3 veces**	Autodescarga de la batería y pérdidas del convertidor de respectivamente el 2,5 % y pérdidas de potencia de hasta el 5 %
Potencia nominal necesaria del panel en relación con la capacidad de almacenamiento de la batería:	**1 W/2 Ah**	Capacidad de la batería incluyendo 5 días de autonomía del sistema (= tiempo de reserva)
Coste de la corriente de energía solar:	**2 €/kWh**	Gastos de adquisición y montaje, incl. el 15 % de IVA de unos 15.000 €, así como una duración de uso de 20 años.

7 Mantenimiento de la instalación

Componente de la instalación	Función de mantenimiento / control	Frecuencia
Paneles solares	• Control regulador de carga: Corriente de carga (A) Tensión de carga (V) • Limpieza de las superficies del panel: sedimentación, polvo, etc.	1 x día 1 x mes
Batería de almacenamiento	• Control del nivel de llenado y de la temperatura ambiente: si fuera necesario, llenar las celdas con agua destilada y eliminar precipitaciones • Control del estado de carga de las celdas individuales: Medir el peso específico del electrolito (aerómetro) • Volver a tensar las conexiones de los cables	1 x mes 2-4 x año 1 x año
Convertidor	• Selección del sistema operativo: Opción derivación (funcionamiento de ahorro) Opción funcionamiento continuos • Control de las magnitudes de entrada de CC y de salida de CA (V, A o V, A, Hz): • Comprobar la temperatura de servicio:	**Según necesidad y radiación solar** 1 x mes **Según necesidad en los meses de verano**
Conexiones de cables y conductos	• Comprobar y volver a tensar las conexiones en la zona de corriente continua:	1 x año

8 Anexo

8.1 Mapa de Formentera

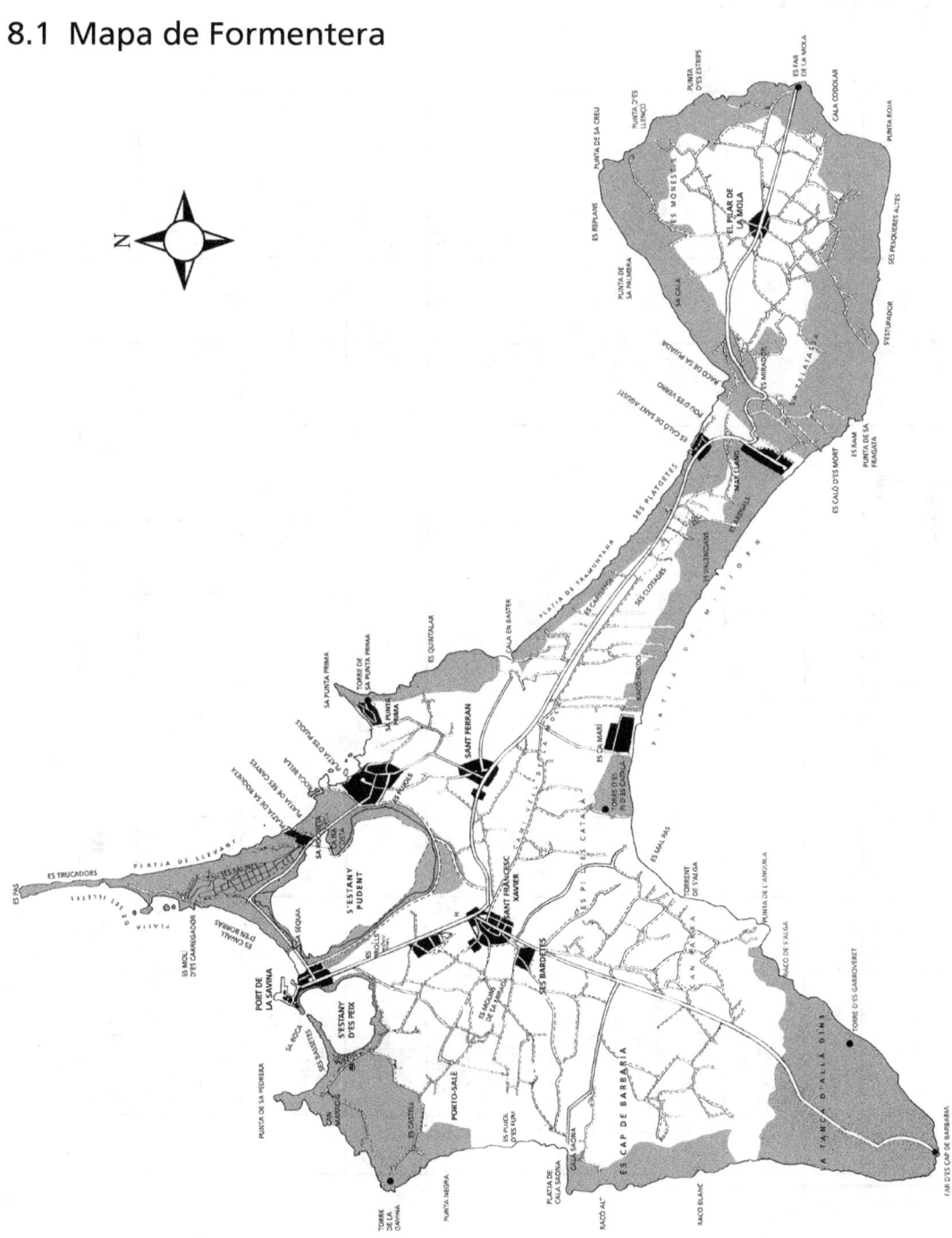

8.2 Instalación de corriente de energía solar Casa Christiane

(situación: 1.7.2005)

N° corr.	Consumidores	Potencia CC⁵ (vatios)	Potencia CA⁶ (vatios)	Duración de uso horas (h) por día	Duración de uso Días (d) por semana	Necesidad de energía CC (Wh/d)	Necesidad de energía CA (Wh/d)	Consumo de batería CC (Ah/d)	Consumo de batería CA (Ah/d)	Observaciones
(1)	(2)	(3)	(4)	(5)	(6)	(7)= (3)x(5)	(8)= (4)x(5)	(9)= (7):12 V	(10)= (8):12 V	(11)
	Garaje									
1	Bombilla	12	-	5	7	60	-	5	-	Iluminación exterior
2	Tubo fluorescente	12	-	0,25	7	3	-	0,25	-	Iluminación interior
	Apartamento									
3	Bombilla	12	-	5	7	60	-	5	-	Iluminación patio
4	Tubo fluorescente	12	-	1	7	12	-	1	-	Rincón cocina
5	Bombillas	20	-	1	7	20	-	1,70	-	Lámpara mesilla
6	Bombilla	10	-	1	7	10	-	0,85	-	Luz de techo
7	Ventilador	-	53	3	7	-	159	-	13,25	Aparato de techo
	Baño III									
8	Bombillas	20	-	1	7	20	-	1,70	-	Lavabo / espejo
9	Bombilla	10	-	1	7	10	-	0,85	-	Luz de techo
10	Tubo fluorescente	20	-	2	7	40	-	3,40	-	Entrada baño III
11	Cepillo de dientes	-	3	0,30	7	-	-	-	0,10	Cargador
12	Secador de pelo	-	800	0,25	7	-	200	-	16,70	Secador de viaje
	Cisterna 2/10									
13	Bomba de agua	85	-	1	7	85	-	7	-	Suministro de agua
14	Bomba de agua	85	-	1	7	85	-	7	-	Aumento de presión
	Cisterna 1/35									
15	Bomba de agua	85	-	1	7	85	-	7	-	Cisterna de techo
16	Bomba de agua	85	-	1	7	85	-	7	-	I+II Aumento de presión
	Terraza									
17	Bombilla	11	-	1	7	11	-	0,90	-	Luz terraza
18	Bombilla	11	-	0,25	7	3	-	0,25	-	Entrada lateral
19	Tubo fluorescente	6	-	1	7	6	-	0,50	-	Entrada principal
1-19	**Suma y sigue página 1**	**496**	**856**			**595**	**360**	**49,40**	**30,05**	

⁵ Corriente continua
⁶ Corriente alterna

1-19	**Suma y sigue página 1**	496	856		595	360	49,40	30,05
	Patio interior							
20	Bombilla	11	-	1	7	11	-	0,90	-	Entrada baño I
21	Bombilla	11	-	1	7	11	-	0,90	-	Escalera tejado
22	Bombillas	16	-	2	7	32	-	270	-	Iluminación patio
	Salón							
23	Bombillas	22	-	2	7	44	-	3,70	-	Chimenea – rincón con asientos
24	Bombilla	11	-	1	7	11	-	0,90	-	Mesa comedor
25	Bombilla	10	-	0,50	7	5	-	0,40	-	Aparador
26	Televisor	-	115	1,50	7	-	172,50	-	14,40	Antenas techo
	Cocina							
27	Tubo fluorescente	24	-	1	7	24	-	2	-	Fregadero
28	Horno eléctrico	-	600	0,10	7	-	60	-	5	Microondas
29	Zumbador	-	5	24	7	-	120	-	10	Espantarratas
30	Batidora	-	100	0,10	7	-	10	-	0,80	Varilla mágica
	Baño I							
31	Bombilla	11	-	1	7	11	-	0,90	-	Luz de techo
32	Bombillas	22	-	1	7	22	-	1,80	-	Lavabo / espejo
33	Lavadora	-	800	0,75	7	-	600	-	50	Caldera de gas
34	Cepillo de dientes	-	3	6	7	-	18	-	1,50	Cargador
35	Secador de pelo	-	800	0,25	7	-	200	-	16,70	Secador de viaje
	Baño II							
36	Tubo fluorescente	12	-	0,50	7	6	-	0,50	-	Lavabo / espejo
20-36	**Suma página 2**	150	2.423			177	1.180,5	14,70	98,40
1-36	**Suma y sigue página 2**	646	3.279			772	1.540,5	64,10	128,45

31

1-36	Suma y sigue página 2	646	3.279		772	1.540,5	128,45
	Dormitorio I						
37	Bombilla	12	-	0,50	7	6	-	0,50	- Luz de techo
38	Bombilla	10	-	1	7	10	-	0,80	- Lámpara mesilla
	Dormitorio II						
39	Tubo fluorescente	12	-	0,50	7	6	-	0,50	- Luz de techo
40	Bombilla	10	-	1	7	10	-	0,80	- Lámpara mesilla
	Dormitorio III						
41	Tubo fluorescente	12	-	1	7	12	-	1	- Luz de techo
42	Bombillas	22	-	0,50	7	11	-	0,90	- Lámpara mesilla
37-42	Suma página 3	78	-			55	-	4,50	
1-42	Consumo total	724	3.279			827	1.540,5	68,60	128,45	Base para el dimensionamiento de la instalación de corriente de energía solar conforme al núm. 5 de la cartilla

SOLAR POWER PRIMER

Dipl.-Ing. Wilhelm Schroll

Table of Contents

1 Preliminary Remarks 39

2 Technical Terms 41

3 Basics Knowledge 43
   3.1 Electrical Units 43
   3.2 Technical Data 43

4 Application Example 51
   4.1 Structural Specifications 51
   4.2 Supply Concept 52
   4.3 Cost Framework 53

5 Assessment of Solar Power Systems 55
   5.1 Determining Total Energy Requirement per Day 55
   5.2 Design of the Solar Generator 55
   5.3 Measurement of Storage Capacity 56

6 Summary of experience values 57

7 System Maintenance 59

8 Attachment 61
   8.1 Map of Formentera 61
   8.2 Solar power system Casa Christiane 62

1 Preliminary Remarks

Environmentally friendly, no noise or emissions generated on your own property – this is made possible by photovoltaics. This technology, developed for power generation in space stations and satellites, is being used increasingly on earth and over the past few years has become a clean alternative to conventional fossil-fuels production.

The primer presented here is intended for all persons interested in solar power. It shall simplify getting into the material for persons who are not specialists and show the steps to practical implementation of so-called "self-sustaining, independent stand-alone solutions" without using an emergency power generating set.

The selected supply concept provides for a 12 volt DC circuit for basic supply of light and water as well as a 230 volt AC circuit for kitchen and work appliances. The resulting advantages compared to AC consumers are related to the usual elastic operating characteristics of 12 volt DC consumers, which can guarantee light and water supply even in the event of charging bottlenecks and battery voltage of approximately 9.5 volts.

2 Technical Terms

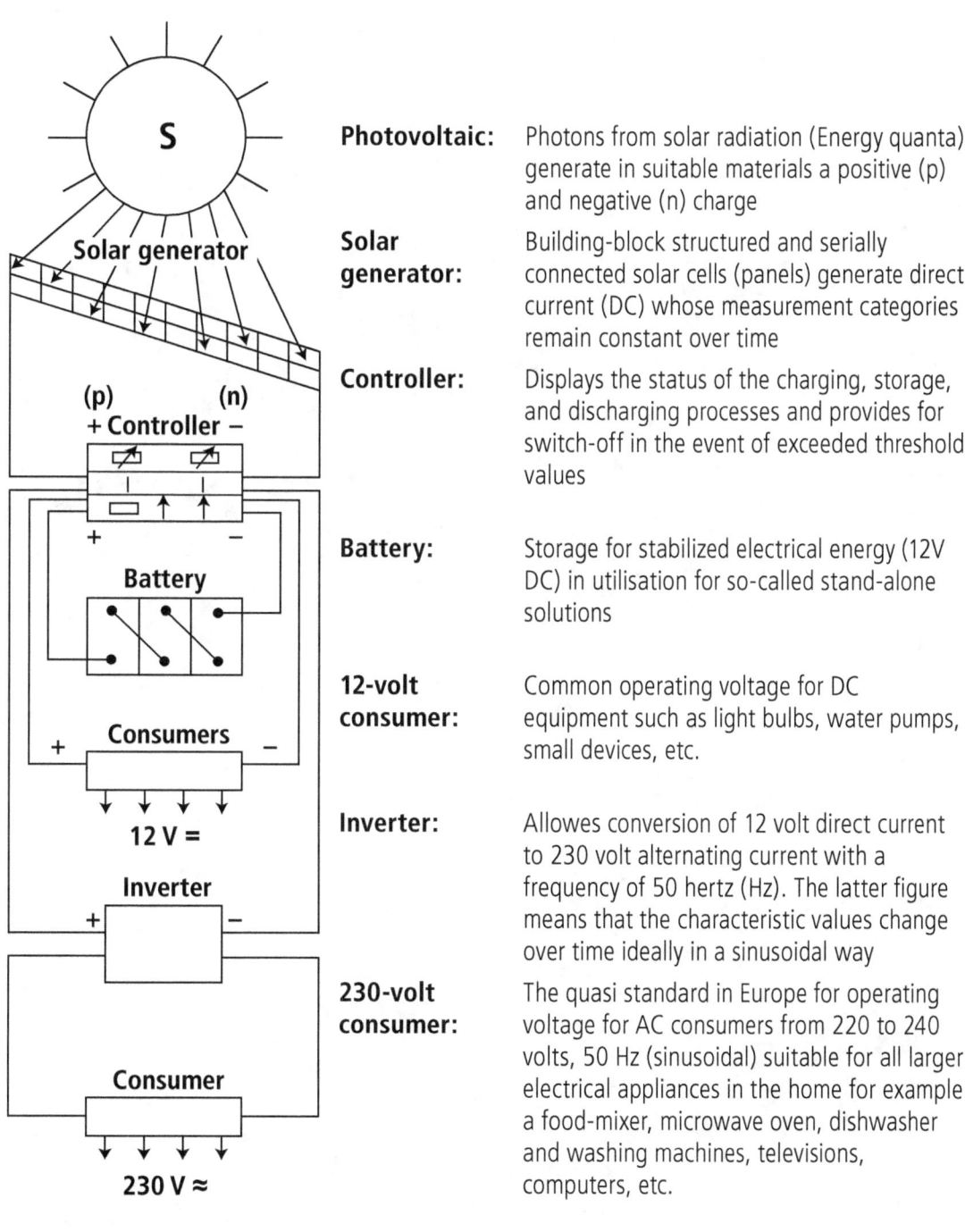

Photovoltaic: Photons from solar radiation (Energy quanta) generate in suitable materials a positive (p) and negative (n) charge

Solar generator: Building-block structured and serially connected solar cells (panels) generate direct current (DC) whose measurement categories remain constant over time

Controller: Displays the status of the charging, storage, and discharging processes and provides for switch-off in the event of exceeded threshold values

Battery: Storage for stabilized electrical energy (12V DC) in utilisation for so-called stand-alone solutions

12-volt consumer: Common operating voltage for DC equipment such as light bulbs, water pumps, small devices, etc.

Inverter: Allowes conversion of 12 volt direct current to 230 volt alternating current with a frequency of 50 hertz (Hz). The latter figure means that the characteristic values change over time ideally in a sinusoidal way

230-volt consumer: The quasi standard in Europe for operating voltage for AC consumers from 220 to 240 volts, 50 Hz (sinusoidal) suitable for all larger electrical appliances in the home for example a food-mixer, microwave oven, dishwasher and washing machines, televisions, computers, etc.

3 Basics Knowledge

3.1 Electrical Units

Seq. No.	Measurement Parameter	Measurement Unit		Alternate Name
1	Electrical voltage (U)[1]	1 Volt (V) = 1000 millivolts (mV) 1000 V = 1 kilovolt kV)		Potential difference
2	Electrical current (I)[1][2]	1 Ampere (A) = 1000 milli-ampere (mA) 1000 A = 1 Kiloampere (kA)		Current strength
3	Electrical power (P)[1]	1 watt (W) = 1Vx1A = 2Vx0.5A 1000 W = 1 Kilowatt (kW)		Solar generator / consumer power
4	Electrical energy (E)[2]	1Watt-hour(Wh)	= 1Wx1hour(h) = 4Wx0.25h = 0.25Wx4h	Charging-, discharging- or storage capacity
		1Ampere-hour(Ah)	= 1Ax1h = 0.25Ax4h = 4Ax0.25h	

3.2 Technical Data

Solar cells: The specifications of solar cell manufacturers are based on international Standard Test Conditions (STC):

- Irradiation G (Global radiation): .... 1000 Watt/m^2
- Operating temperature T: .... 25° Celsius
- Path length of a direct solar ray in
  the earth's atmosphere (air mass): .... AM – 1.5

---

[1] for the calculation of the solar and consumer power
[2] for the design of the storage capacity of a battery

43

The most important terms include:

Rated voltage U_p	Potential difference at max. charge capacity • single-crystal cells: 0.48 V each cell • poly-crystal cells: 0.46 V each cell 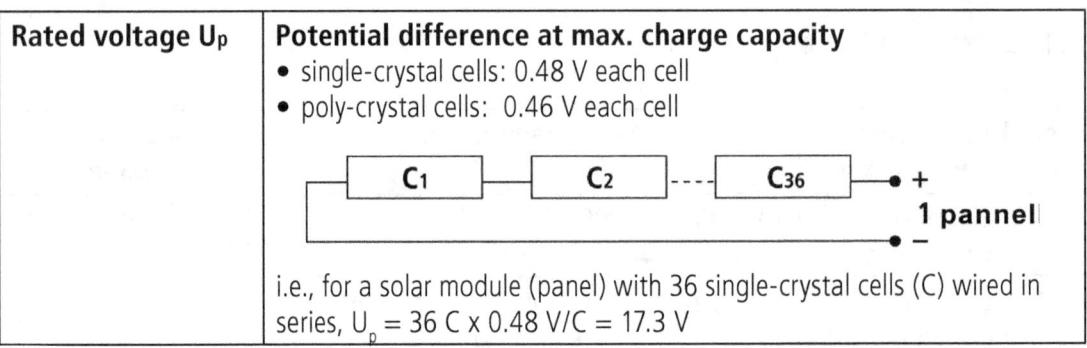 1 pannel i.e., for a solar module (panel) with 36 single-crystal cells (C) wired in series, $U_p = 36\text{ C} \times 0.48\text{ V/C} = 17.3\text{ V}$
Rated current I_p	Current strength at max. charge capacity • 10cm x 10cm cells: 2.8 – 3.3 A each cell • 15cm x 15cm cells: e.g. 7.54 A each cell i.e., a solar module (panel) with 36 single-crystal 15cm x 15cm cells wired in series, has the rated current of a single cell e.g. **7.54 A**. An increase of the rated current is achieved by connecting the solar panels in parallel: 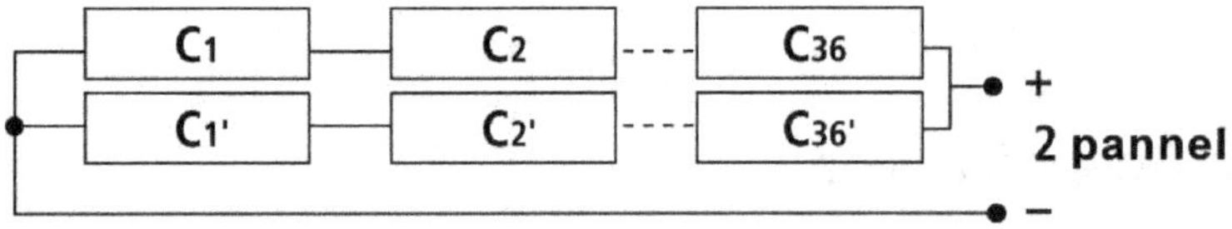 2 pannel The rated current of the system would then be: • for 2 panels each with 7.54 A = 15.08 A • for 3 panels each with 7.54 A = 22.62 A
Rated power P_p	**Power of the solar generator based on the standard test conditions (STC).** It corresponds to the product of the rated voltage U_p and the rated current I_p: e.g. 17.3 V x 7.54 A = 130 watts (W) or also 130 volt-amperes (VA)
Open-circuit voltage U_L	Potential difference for an open circuit (I=0) For crystalline cells, this is usually 23 to 25% above the rated voltage UP, e.g. 17.4 V x 1.25 (25%) = 22.25 V. This can be seen using the cell characteristic curve (U and I as a function of the solar radiation and temperature).

Short-circuit current Ic	Current strength for max. charge capacity and short-circuited lines. For crystalline cells, this is 6-12% above the rated current IP, e.g. 7.54 A x 1.12(12%) = 8.44 A, and is usually without an adverse effect on the solar cells, provided it is a short-term operating condition.
Efficiency η	**Conversion efficiency (sun/power) for max. charge capacity.** • for single-crystal cells: .... 13-16% • for poly-crystal cells:... 10-15% • for amorphous thin layer cells: ....3- 8% i.e., a panel with 130 WP rated power PP and a total cell area of $0.81m^2$ corresponds to a PP of 130Wp / $0.81m^2$=160Wp/m^2 and based on the STC for the global radiation of 1000W/m^2, it results in a η of 160W/m^2 : /1000W/m^2= 0.16 (=16%) in contrast to this, a regular light bulb only has a η (current/light) of approx. 5%. This doesn't allow for more efficient "energy-saving bulbs"!

Protective Diodes D	**Components for protection against harmful effects to solar panels (bypass diode B-D) and storage battery (Schottky diode Sch-D):** 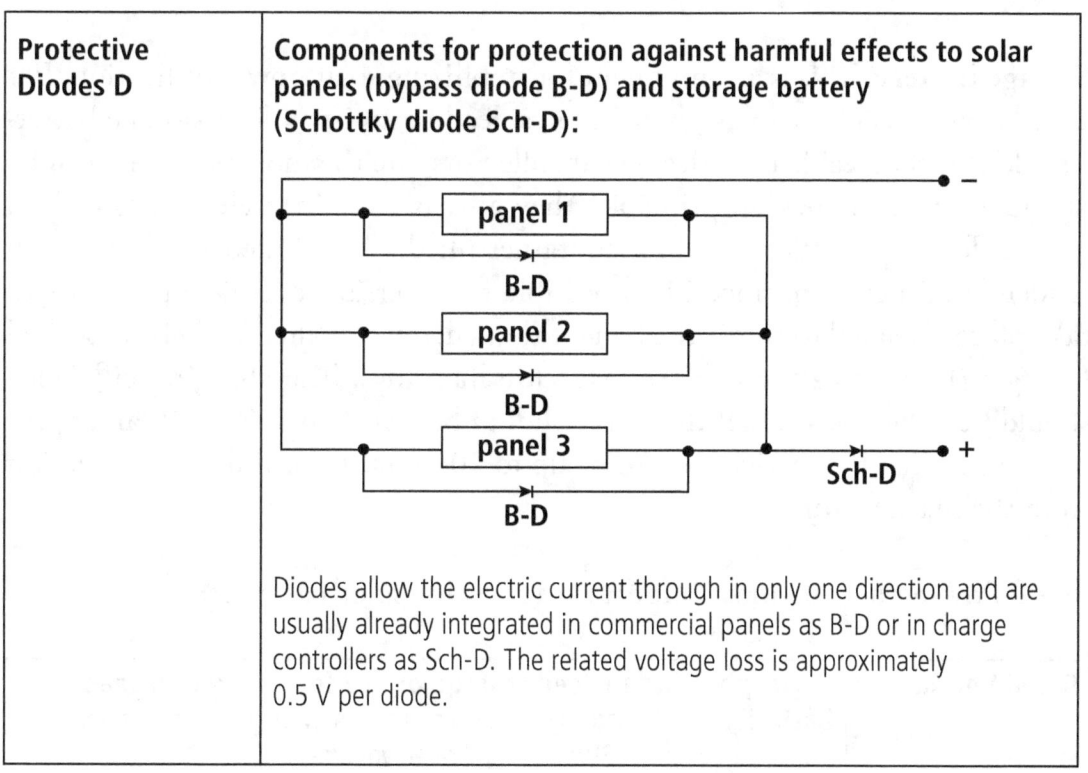 Diodes allow the electric current through in only one direction and are usually already integrated in commercial panels as B-D or in charge controllers as Sch-D. The related voltage loss is approximately 0.5 V per diode.

Charge controller L	**Limitation of the level of current and voltage from the solar generator to the storage battery depending on the current charge capacity.** Standard protection functions for storage batteries include: • reverse discharge protection • overload protection • over-discharge protection with, for example, the following controller setting: • open-circuit voltage (12V battery): .... 21.3V • voltage threshold over-charge: .... 2.45V/Cell • voltage threshold over-discharge: .... 1.85V/C • Limit display: .... optical/acoustic The internal power consumption of the controller should be less than 12.5mA = 0.0125A
Cable cross-section	The choice of cable cross-section depends on the level of the rated current I. Thus a current density of 2-4 ampere/mm^2 is considered a guideline for limitation of the conduction losses.

Storage Battery: This is a component for stabilizing solar power utilization. For applications, also known as photovoltaics, lead batteries (= lead storage batteries = lead rechargeable batteries – lead collectors) are the most popular. In spite of the different names, in principle, they always contain 2 electrodes of lead with different polarities (+/-) in a container filled with diluted sulphuric acid. Under certain circumstances, it is possible for reversible chemical processes to take place. Related to this is the benefit that energy can alternately be absorbed (charging) and it can also be released (discharging). The charging efficiency should be 95% and the self-discharge should be less than 5%. With an appropriate cycle life, the service life can be up to 20 years, according to information from the manufacture.

The following are the most important terms for solar batteries:

Rated Voltage	**Corresponds to the cell voltage of 12V for lead rechargeable batteries** or alternatively a multiple of the individual cells connected in series, e.g. 6 cells x 2V/cell = 12V rated voltage.

Rated Capacity	**Corresponds to the storage capacity of a cell measured in ampere-hours (Ah) and is dependent on the size of the electrodes.** The usable capacity is greater for a smaller discharge current, or alternatively the longer the discharge time that is selected. A rated capacity of, for example, 1240Ah-K100 means that it is based on a 100-hour discharge time.
Rated current	**This is the quotient of the rated capacity and the discharge time**, e.g. 1240 Ah: 100h (K100) = 12.4 A
Electrolyte density	**This is a measurement parameter for the diluted sulphuric acid in the battery cells.** It is based upon factory specifications for the nominal fill level and for the nominal temperature in a fully charged operating state. Grams per cm^3 (g/cm^3), kilograms per dm^3 (kg/dm^3), or per liter (kg/l) are used as measuring units. Depending on the model, the nominal density in a charged state is approx. 1.24 g/cm^3, whereby the operating temperature is usually 25°C. Exceeding this temperature leads to a reduction of the density. Dropping below it leads to increased density. Approximately 0.007g/cm^3 for each 10°C can be used as a guideline for both directions. Electrolyte densities around 1.08g/cm^3 are found in completely discharged batteries. Due to the linear relationship of the electrolyte density and the charge state of a battery, density measurement is especially useful for estimating the reserves capacity of batteries.
Operating data	A battery supplier should provide the following minimum data: • Rated voltage .... 12 V • Rated capacity .... 1240Ah-K100 • Electrolyte density, charged: .... 1.24 g/cm^3 uncharged: .... 1.08 g/cm^3 • Final charging voltage: .... 14.8 V • End-point voltage: .... 11 V • Self-discharge for an operating temperature of 40°C: 4.5%

Inverters: These units change direct current (DC) generated by the solar generator into the desired alternating current (AC), i. e. 12V DC to 230V AC. The rated AC power that can be achieved by an inverter is practically limited only by the amount of electric current available on the direct current side.

Continuous power rating (watts)[3]	Direct Current Side (watts = volts x amperes)	Alternating Current Side (watts = volts x amperes)
2,600	= 12 x 216.7	= 230 x 11.3
3,300	= 24 x 137.5	= 230 x 14.4
4,500	= 48 x 93.7	= 230 x 19.5

Example: A continuous power rating of the inverter of 2600 watts dependent on a cable connection of 216.7 A on the 12V direct current side: $2A/mm^2$ (current density)= around **110 mm²**, on the alternating current side; on the other hand, a line cross-section of 11.3A is adequate for the same rated power: $2A/mm^2$= around **6mm²**.

It is possible to double or even quadruple the alternating current connected load of 2600W, for example, by connecting two or more inverters of the same model in parallel. However, the prerequisite for this is that the other components of the solar power system (panel area, battery capacity, lines, regulators, etc.) are designed for this result. Newer models of inverters achieve an efficiency of around 95% based on the rated power. This means that if the inverter is too large or only partially utilized, the level of efficiency drops. Therefore, the newer devices are equipped with an option called "hold", which independently switches off the inverter if there is no load (no alternating current consumer), and only switches it back on completely when a consumer demand is reactes, for example 50W.

---

[3] occasionally also given as volt-amperes (VA)

| Operating data | **Best factory specifications for inverters are:**
• Rated voltage of the battery: .... 12V DC
• Input voltage: .... 11.5-16.5V DC
• Output voltage: .... 230V AC-50Hz sinusoidal
• Continuous power rating: 2600VA
• Output rated current: .... 12A AC
• Max. current strength: .... 28A AC
• Max. efficiency: 95%
• Operating temperature: .... - 40 to 60°C
• Weight: .... 45kg |
|---|---|

4 Application Example

In the solar power system chosen for this study, an independent internal power supply, without emergency power generator supplier the energy needs of a single residential building in a protected, pine tree lined green belt on the Balearic Island of Formentera in Spain (see Appendix 1).

4.1 Structural Specifications

The home was originally erected in 1984[4] and has been in constant use since then as a residential property. Its design and shape are typical of the finca-building-style with a mainly rectangular floor plan (cf. Figure 1).

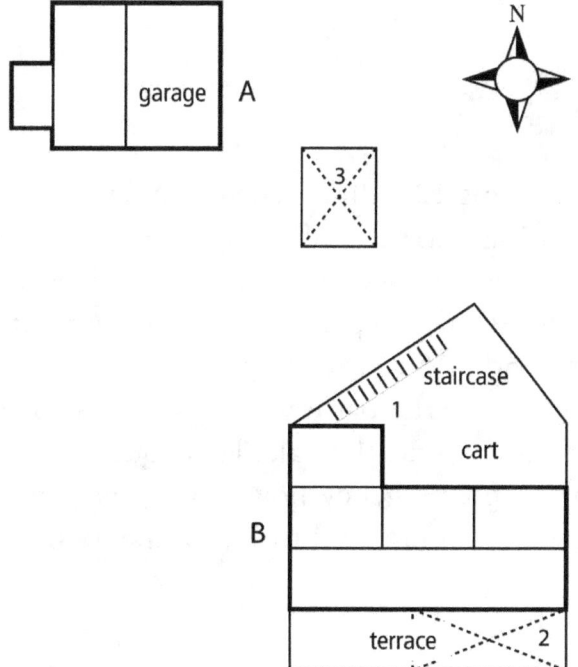

Figure 1: Floor plan of a home with solar power supply (Scale: 1:352)

---

[4] Geographic location: 1°31'35" longitude east, 38°40'15" latitude north, 72m above sea leve

The main building A has a flat roof. The neighbouring building B has a pitched roof. The solar panels are mounted south facing in a storm-proof way on the flat roof with a setting angle of 32º.

The charge controller, storage batteries, inverter, and terminal boxes are installed in a naturally ventilated room facing away from the sun below the roof stairs.

Water for the main building is supplied via two 350L roof cisterns that are filled either from the terrace cistern (2) (35m^3) and/or from the courtyard cistern (2) (10m^3) by means of 12V DC pumps, these controlled by floaters. The auxiliary building, erected later, is supplied exclusively and directly by the courtyard cistern. Wastewater from the main and auxiliary building is infiltrated into the sandy underground through 2 spatially separated 3-chamber sewage pits.

The refrigerator, kitchen stove, hot water heater for the washing machine and dishwasher as well as bath and three heating radiators run on butane gas.

4.2 Supply Concept

The specifications for this 12V direct current circuit working in connection with a 230V alternating current circuit for heavier appliances containes additional safety features for extraordinary supply bottlenecks. In contrast to the inverter, which switches off independently to prevent damage, if the battery voltage drops to around 11.5V, a water pump driven by 12V or a 12V light bulb will still work even if the battery voltage is less than 10V. Thus supply bottlenecks above and beyond the calculated buffer time and bridged over without desorting to an emergency power unit and emissions (exhaust gas, soot particles, noise, vibrations, etc.) that would entail.

4.3 Cost Framework

Solar power systems have been operating since only 1986 fullfilling to the technical possibilities and needs of the time, initially only as 12V direct current systems for lighting. Only years later did the adaptation of the technology to the current state take place:
- 12V direct current for lighting and water pumps as well as small appliances etc.
- 230V alternating current for home appliances, television, telephone, computer etc.

The total costs for the system that are describing this including installation costs and VAT, are summarised in the following table. In total, they provide for an annual depreciation of around €1200 for an average system service life of 20 years and 5% interest on the invested capital. On the other hand, there is achievable annual output of around 600 kilowatt-hours (kWh) which should mean a sewing on electricity costs of €1200: 600 kWh = around €2.0/kWh.

Solar Components	Output Values	Price	Comments
Solar panels	4.5m^2/650WP	€ 8,820	The companies ATERSA and ISOFOTON
Storage battery	1240Ah/14,880Wh	€ 2,800	TUDOR
Charge controller	12V/35^a	€ 180	MORNINGSTAR
Inverter	12V GS/230V AC 2600W 50Hz sinusoidal	€ 3,200	TRACE
Total (gross)		**€ 15,000**	

5 Assessment of Solar Power Systems

5.1 Determining the Total Energy Requirement per Day

The following requirements summary is based on a consumer list with an estimated daily utilisation period (cf. Appendix 2):

Page No.	12V DC consumer power, energy demand ave. per day			230V AC consumer power, energy demand ave. per day			Basis for assessment Power, Energy demand ave. per day		
	(W)	(W/d)	(Ah/d)	(W)	(Wh/d)	(Ah/d)	(W)	(Wh/d)	(Ah/d)
	1	2	3=2:12V	4	5	6=5:12V	7=1+4	8=2+5	9=3+6
1	496	595	49.40	856	360	30.05	1,352	955	79.45
2	150	177	14.70	2,423	1,380.50	98.40	2,423	1,380.5	129.80
3	78	55	4.50	-	-	-	78	55	4.50
Total	724	827	68.60	3279	1540.50	128.45	4003	4322.50	rd. 194
+ 2.5% of 1240 Ah (battery self discharge):									31
+ 2.5% of 130 Ah (inverter loss):									3
+ 5.0% of 194 Ah (conduction loss):									10
Necessary daily energy requirements in ampere-hours (Ah):									238

5.2 Design of the Solar Generator

238 Ah/day	:	53 Ah/day/m²	=	rd. 4.5 m²
required energy demand (determined)		possible charge capacity (measured)		necessary panel area (recommended)

5.3 Measurement of the Storage Capacity

238 Ah/day	x	5 days	=	1,190 Ah
required energy demand (determined)		buffer time for days without sunshine (observed)		necessary storage capacity of the battery (recommended)

6 Summary of experience values

Reference Parameters	Characteristic Value	Boundary Conditions
Charge energy of solar generators per day and m² panel area:	40-60 Ah/m²/day	Solar panels oriented to the south with a setting angle of 32° to the horizontal and without shade if at all possible
Charge energy demand in relation to the determined energy consumption:	1.3 times	Battery self-discharge and inverter losses of 2.5% each as well as conduction losses of up to 5%
Necessary panel rated capacity in relation to the storage capacity of the battery:	1W/2Ah	The battery capacity including 5 days of system independence (= buffer time)
Solar power costs:	€ 2/kWh	Purchase and installation costs (including 16% VAT) of around € 15,000 as well as a service life of 20 years

7 System Maintenance

System Component	Maintenance / Monitoring Task	Frequency
Solar panels	• Monitor charge controller: Charging current (A) Charging voltage (V)	**1 x daily**
	• Cleaning the panel surfaces: coating, dust, etc.	**1 x monthly**
Storage battery	• Monitor the fill level and the ambient temperature: fill the cells with distilled water if necessary and remove any fall outs.	**1 x monthly**
	• Monitor the charge level of the individual cells: Measure the specific gravity of the electrolyte (aerometer)	**2-4 x annually**
	• Tighten the cable connections:	**1 x annually**
Inverter	• Choose operating system: Optional provision (economy mode) Optional permanent operation	**As required and according to sunlight exposure**
	• Monitor the DC input and AC output (V, A, or V, A, Hz respectively): • Check the operating temperature:	**1 x monthly as required in the summer months**
Cable and line connections	• Check and tighten the connections in the direct current area:	**1 x annually**

8 Attachment

8.1 Map of Formentera

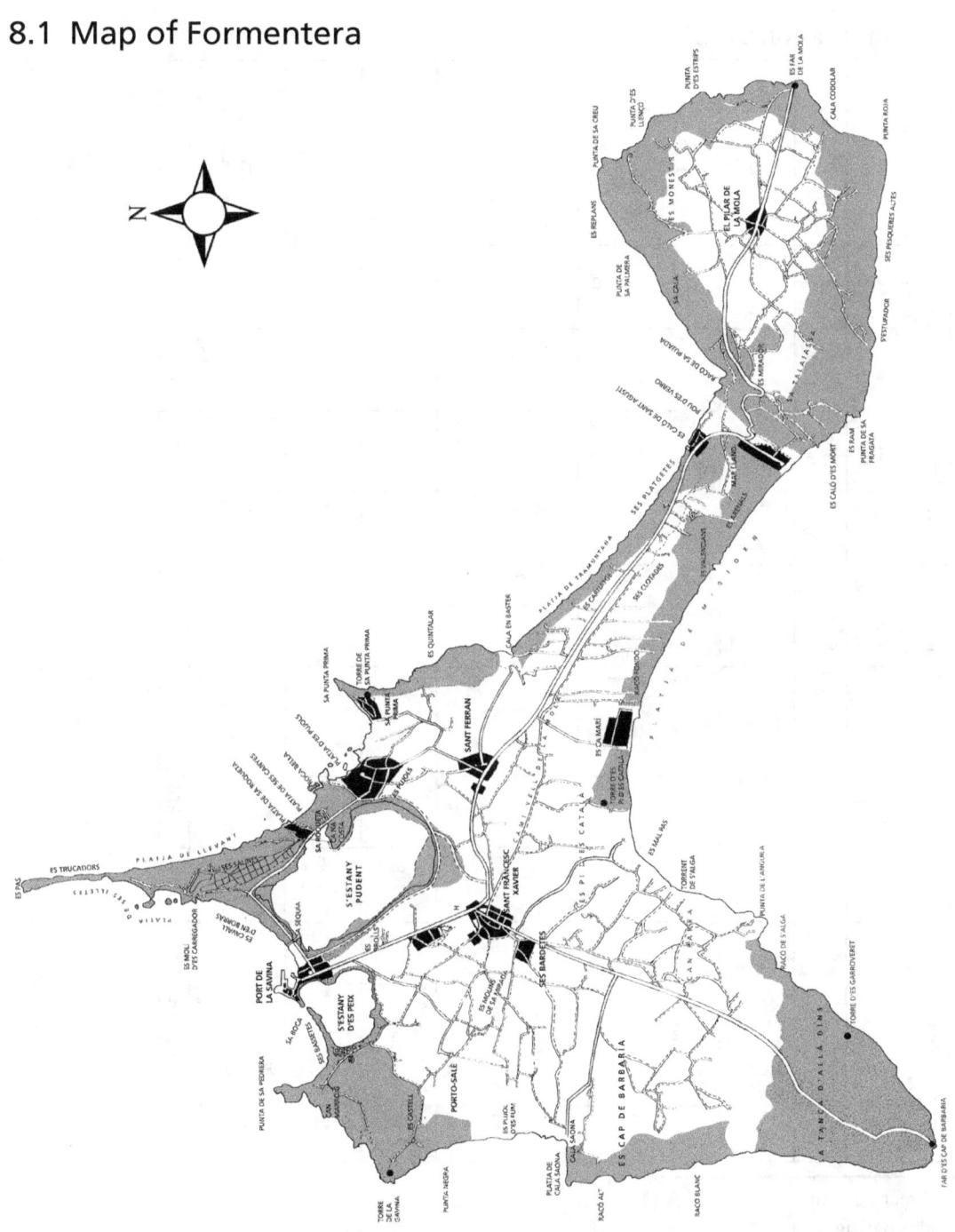

8.2 Solar power system Casa Christiane

(Status as of: 1.7.2005)

Seq. No.	Consumer	Power DC⁵ (watts)	Power AC⁶ (watts)	Service life Hours (h) per day	Service life Days (d) per week	Energy demand DC (Wh/d)	Energy demand AC (Wh/d)	Battery consumption DC (Ah/d)	Battery consumption AC (Ah/d)	Comments
(1)	(2)	(3)	(4)	(5)	(6)	(7)= (3)x(5)	(8)= (4)x(5)	(9)= (7):12V	(10)= (8):12V	(11)
	Garage									
1	Light bulbs	12	-	5	7	60	-	5	-	Outside lighting
2	Fluorescent tubes	12	-	0.25	7	3	-	0.25	-	Inside lighting
	Apartment									
3	Light bulbs	12	-	5	7	60	-	5	-	Courtyard lighting
4	Fluorescent tubes	12	-	1	7	12	-	1	-	Kitchenette
5	Light bulbs	20	-	1	7	20	-	1.70	-	Bedside table lamp
6	Light bulbs	10	-	1	7	10	-	0.85	-	Ceiling light
7	Fan	-	53	3	7	-	159	-	13.25	Ceiling device
	Bathroom II									
8	Light bulbs	20	-	1	7	20	-	1.70	-	Sink / mirror
9	Light bulbs	10	-	1	7	10	-	0.85	-	Ceiling light
10	Fluorescent tubes	20	-	2	7	40	-	3.40	-	Entrance bathroom III
11	Toothbrush	-	3	0.30	7	-	1	-	0.10	Charger
12	Hair drier	-	800	0.25	7	-	200	-	16.70	Travel hair drier
	Cistern 2/10									
13	Water pump	85	-	1	7	85	-	7	-	Water supply
14	Water pump	85	-	1	7	85	-	7	-	Pressure increase
	Cistern 1/35									
15	Water pump	85	-	1	7	85	-	7	-	Roof cistern I+II
16	Water pump	85	-	1	7	85	-	7	-	Pressure increase
	Patio									
17	Light bulbs	11	-	1	7	11	-	0.90	-	Patio lights
18	Light bulbs	11	-	0.25	7	3	-	0.25	-	Side entrance
19	Fluorescent tubes	6	-	1	7	6	-	0.50	-	Main entrance
1-19	**Carry-over page 1**	496	856			595	360	49.40	30.05	

---

⁵ direct current
⁶ alternating current

Seq. No.	Consumer	Power DC (watts)	Power AC (watts)	Service life Hours (h) per day	Service life Days (d) per week	Energy demand DC (Wh/d)	Energy demand AC (Wh/d)	Battery consumption DC (Ah/d)	Battery consumption AC (Ah/d)	Comments
1-19	Carry-over page 1	496	856			595	360	49.40	30.05	
	Inner courtyard									
20	Light bulbs	11	-	1	7	11	-	0.90	-	Entrance bathroom I
21	Light bulbs	11	-	1	7	11	-	0.90	-	Roof stairs
22	Light bulbs	16	-	2	7	32	-	270	-	Courtyard lighting
	Living Room									
23	Light bulbs	22	-	2	7	44	-	3.70	-	Fireplace corner unit
24	Light bulbs	11	-	1	7	11	-	0.90	-	Dining table
25	Light bulbs	10	-	0.50	7	5	-	0.40	-	Sideboard
26	Television	-	115	1.50	7	-	172.50	-	14.40	Rood antennae
	Kitchen									
27	Fluorescent tubes	24	-	1	7	24	-	2	-	Rinsing sink
28	Electric stove	-	600	0.10	7	-	60	-	5	Microwave oven
29	Buzzer	-	5	24	7	-	120	-	10	Rat alarm
30	Mixer	-	100	0.10	7	-	10	-	0.80	Magic wand
	Bathroom I									
31	Light bulbs	11	-	1	7	11	-	0.90	-	Ceiling light
32	Light bulbs	22	-	1	7	22	-	1.80	-	Sink / mirror
33	Washing machine	-	800	0.75	7	-	600	-	50	Gas heater
34	Toothbrush	-	3	6	7	-	18	-	1.50	Charger
35	Hair drier	-	800	0.25	7	-	200	-	16.70	Travel hair drier
	Bathroom II									
36	Fluorescent tubes	12	-	0.50	7	6	-	0.50	-	Sink / mirror
20-36	Total of page 2	150	2,423			177	1,180.50	14.70	98.40	
1-36	Carry-over page 2	646	3,279			772	1,540.50	64.10	128.45	

Seq. No.	Consumer	Power		Service life		Energy demand		Battery consumption		Comments
		DC (watts)	AC (watts)	Hours (h) per day	Days (d) per week	DC (Wh/d)	AC (Wh/d)	DC (Ah/d)	AC (Ah/d)	
1-36	**Carry-over page 2**	646	3,279			772	1,540.50	64.10	128.45	
	Bedroom I									
37	Light bulbs	12	-	0.50	7	6	-	0.50	-	Ceiling light
38	Light bulbs	10	-	1	7	10	-	0.80	-	Bedside table lamp
	Bedroom II									
39	Fluorescent tubes	12	-	0.50	7	6	-	0.50	-	Ceiling light
40	Light bulbs	10	-	1	7	10	-	0.80	-	Bedside table lamp
	Bedroom III									
41	Fluorescent tubes	12	-	1	7	12	-	1	-	Ceiling light
42	Light bulbs	22	-	0.50	7	11	-	0.90	-	Bedside table lamp
37-42	**Total of page 3**	78	-			55	-	4.50	-	
1-42	**Total consumption**	724	3,279			827	1,540.50	68.60	128.45	**Foundation for design of the solar power system in accordance with Section 5 of the primer**

LIBRETTO CORRENTE SOLARE

Dipl.-Ing. Wilhelm Schroll

Índice

1 Introduzione 71

3 Conoscenze basilari 73
   3.1 Unità elettriche 75
   3.2 Dati tecnici 75

4 Esempio d'impiego 83
   4.1 Indicazioni edilizie 83
   4.2 Concetto d'approvvigionamento 84
   4.3 Costi 85

5 Dimensionamento di un impianto solare 87
   5.1 Stabilire il fabbisogno energetico totale giornaliero 87
   5.2 Scelta del generatore solare 87
   5.3 Dimensionamento della capacità di accumulo 88

6 Raccolta di valori in base all'esperienza 89

7 Manutenzione dell'impianto 91

8 Appendice 93
   8.1 Cartina di Formentera 93
   8.2 Impianto energia solare Casa Christiane 94

1 Introduzione

Il processo foto-voltaico permette di generare energia elettrica direttamente sul proprio appezzamento in maniera rispettosa nei confronti dell'ambiente ed in completa assenza da rumori ed emissioni. Questa tecnologia, che viene utilizzata nel cosmo per generare energia elettrica a stazioni spaziali e satelliti, viene utilizzata sempre più spesso anche sul pianeta terra e negli ultimi anni è divenuta uni alternativa pulita all'approvigionamento energetico convenzionale con combustibili fossili.

Il qui presente manuale è stato creato per tutti gli interessati all'energia solare e vuole aiutare i non addetti ai lavori a entrare in contatto con questa materia, mostrando i passi necessari per passare alla messa in pratica di un sistema "autarchico con soluzione ad isola" senza utilizzare gruppi elettrogeni d' emergenza.

Il concetto di approvigionamento scelto prevede un circuito a corrente continua a 12 Volt per un approvignionamento base di luce ed acqua, così come un circuito a corrente alternata con 230 Volt per elettrodomestici e apparecchiature di lavoro. I vantaggi che ne derivano dai consumatori di corrente continua a 12 V rispetto a quelli che consumano corrente alternata, infatti i primi hanno delle linee caratteristiche di funzionamento flessibili che permettono di affrontare momenti di difficoltà di approvvigionamento con una tensione di batteria di circa 9,5 Volt assicurando così, ciò nonostante, luce ed acqua.

3 Conoscenze basilari

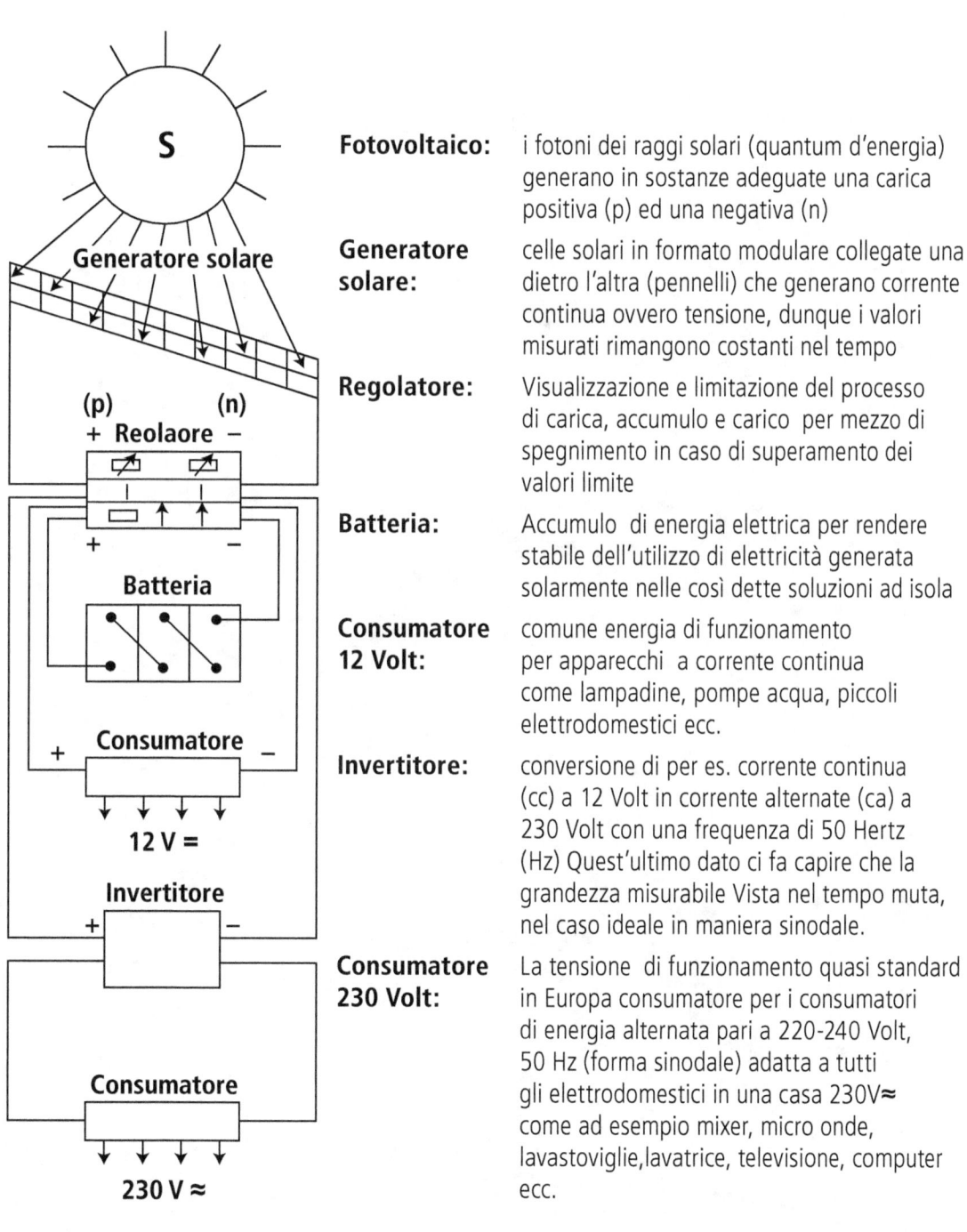

Fotovoltaico: i fotoni dei raggi solari (quantum d'energia) generano in sostanze adeguate una carica positiva (p) ed una negativa (n)

Generatore solare: celle solari in formato modulare collegate una dietro l'altra (pennelli) che generano corrente continua ovvero tensione, dunque i valori misurati rimangono costanti nel tempo

Regolatore: Visualizzazione e limitazione del processo di carica, accumulo e carico per mezzo di spegnimento in caso di superamento dei valori limite

Batteria: Accumulo di energia elettrica per rendere stabile dell'utilizzo di elettricità generata solarmente nelle così dette soluzioni ad isola

Consumatore 12 Volt: comune energia di funzionamento per apparecchi a corrente continua come lampadine, pompe acqua, piccoli elettrodomestici ecc.

Invertitore: conversione di per es. corrente continua (cc) a 12 Volt in corrente alternate (ca) a 230 Volt con una frequenza di 50 Hertz (Hz) Quest'ultimo dato ci fa capire che la grandezza misurabile Vista nel tempo muta, nel caso ideale in maniera sinodale.

Consumatore 230 Volt: La tensione di funzionamento quasi standard in Europa consumatore per i consumatori di energia alternata pari a 220-240 Volt, 50 Hz (forma sinodale) adatta a tutti gli elettrodomestici in una casa 230V≈ come ad esempio mixer, micro onde, lavastoviglie,lavatrice, televisione, computer ecc.

3.1 Unità elettriche

lfd. Nr.	Grandezza misurata	Unità di misura		Denominazione alternativa
1	Tensione elettrica (U)[1]	1 Volt (V) 1000 V	=1000 Milivolt (mV) =1 Kilovolt kV)	Differenza di potenziale
2	Corrente elettrica (I)[1][2]	1 Ampere (A) (mA) 1000 A	=1000Miliampere =1 Kiloampere (kA)	Intensità di corrente
3	Prestazione elettrica (P)[1]	1Watt (W) 1000 W	=1Vx1A=2Vx0,5A =1 kilowatt (kW)	Prestazione generatore solare/ Prestazione dei consumatori
4	Energia elettrica (E)[2]	1Watt/ora (Wh) 1Ampere/ora (Ah)	=1Wx1h =4Wx0,25h =0,25Wx4h =1Ax1h =0,25Ax4h =4Ax0,25h	Capacità di carica e scarica o capacità d'accumulo

3.2 Dati tecnici

Cella solare: i dati forniti dal produttore di celle solari si basano sugli Standard e condizioni di test (SCT) che costituiscono uno standard internazionale:

< Irradiazione solare G (irradiazione globale): .... 1000 Watt/m^2
< temperatura di funzionamento T : .... 25° Celsius
< lunghezza del percorso di un raggio di sole diretto
  nell'atmosfera terrestre (Air Mass) : .... AM – 1,5

---

[1] per la calcolazione della potenza solare e die consumatori
[2] per la selezione della capacitá di accumulo di una batteria

I concetti più importanti sono :

Tensione nominale U_P	Differenza di potenziale con max. capacità di accumulo
	• celle mono-cristalline: 0,48 V per cella
	• celle poli-cristalline: 0,46 V per cella
	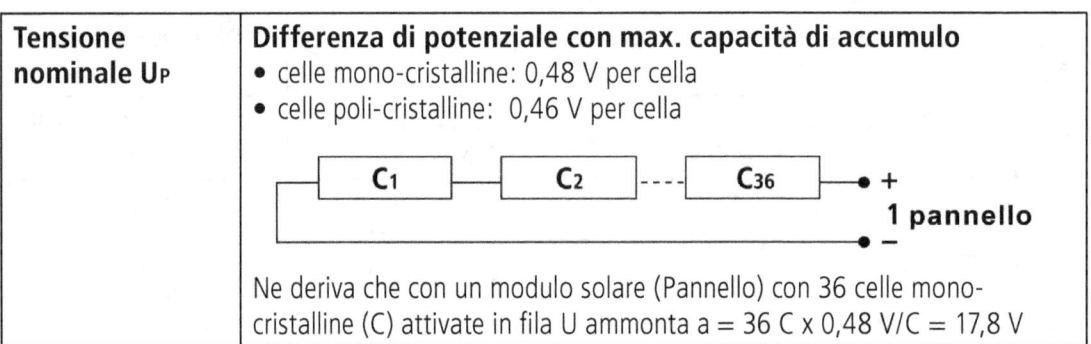
	Ne deriva che con un modulo solare (Pannello) con 36 celle mono-cristalline (C) attivate in fila U ammonta a = 36 C x 0,48 V/C = 17,8 V

Corrente nominale I_P	Intensità di corrente con prestazione di carico max.
	• celle 10cm x 10cm: 2,8 – 3,3 A per cella
	• celle 15cm x 15cm: per es. 7,54 A per cella
	Ne deriva che con un modulo solare (Pannello) con 36 celle mono-cristalline 15cm x 15cm dispone di una corrente nominale di una singola cella di per es. 7,54 A. Un aumento della corrente nominate si raggiunge attivando parallelamente panelli solari:
	La corrente nominale dell'impianto ammonterà allora per es. con:
	• 2 pannelli ognuno 7,54 A = 15,08 A
	• 3 pannelli ognuno 7,54 A = 22,62 A = e così via.
Potenza nominale P_P	**Prestazione del generatore solare in relazione alle condizioni standard e di test (CST).** Corrisponde al prodotto di tensione nominale U_p e corrente nominale I_p:
	Per es. 17,4 V x 7,54 A = 130 Watt (W) o anche 130 volt-Ampere (VA)
Tensione a vuoto U	Differenza di potenziale in caso di circuito di corrente aperto (I=0)
	Con celle cristalline questo si aggira tra normalmente 23 fino al 25% al di sopra della tensione nominale UP, per es. 17,4 V x 1,25 (25%) = 22,25 V. Riscontrabile sulla linea caratteristica (U e I come funzione di raggi solari e temperatura).

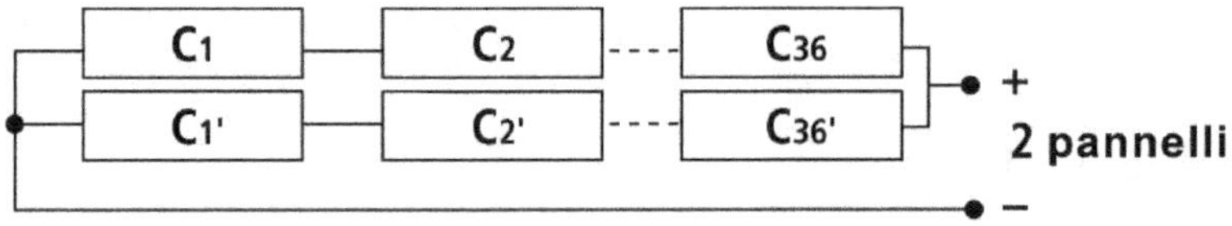

Corrente di cortocircuito I	**Intensità di corrente con prestazione di carico con max. prestazione di carica e conduzioni in cortocircuito.** Con celle cristalline questo si aggira tra 6-12% al di sopra della corrente nominale IP, per es. 7,54 A x 1,12(12%) = 8,44 A, Ed é normalmente priva di effetti negativi sulle celle solari, nel caso in cui si tratti di stato di funzionamento di breve durata.
Rendimento η	**Rendimento di conversione (Sole/Corrente) con prestazione max.** • con celle mono-cristalline: ....13-16% • con celle poli-cristalline: ....10-15% • con celle a strati amorfi sottili:....................................3- 8% Dunque un pannello con prestazione nominale P, di 130WP ed una superficie totale delle celle di 0,81m^2 corrisponde ad un PP di 130WP / 0,81m^2=160WP/m^2 E ne risulta, relativamente alle condizioni CST per la irradiazione globale di 1000W/m^2 un η di 160W/m^2: /1000W/m^2= 0,16 (=16%) in confronto a questo una normale lampadina ha un η (corrente/luce) del circa 5%. Questo non vale per le lampadine per il risparmio energetico!

Diodi di protezione D	**Componenti costruttive per la protezione da effetti negativi su pannelli solari (diodo bypass B-D) e batteria di accumulo (diodo Schottky Sch-D):** [Schema: tre pannelli (panel 1, panel 2, panel 3) collegati in serie, ciascuno con un diodo bypass B-D in parallelo; all'uscita + un diodo Schottky Sch-D; uscita −] I diodi lasciano passare l'energia elettrica solo in una direzione e sono integrati nei pannelli comunemente in vendita con B-D ed anche nei regolatori di carica, del tipo Sch-D. La perdita di tensione relativa si aggira intorno agli 0,5V per diodo.

Regolatore di carica L	Limitazione dell'altezza di corrente e tensione del generatore solare verso la batteria di accumulo, indipendentemente dalla prestazione di carica attuale. Fanno parte delle funzioni di protezione standard per batterie di magazzinaggio: • Protezione da scarica all'indietro • Protezione da sovraccarico • Protezione di carico profondo Con per es. le seguenti regolazioni del regolatore: • tensione a vuoto (batteria 12V): .... 21,3V • limite di tensione sovraccarico: .... 2,45V/C • limite di tensione carico profondo: .... 1,85V/C • visualizzazione settore limite: .... ottico/acustico Il consumo proprio del regolatore dovrebbe essere inferiore a 12,5mA = 0,0125A.
Sezione trasversale del cavo	La selezione delle sezioni trasversali di condutture avviene in base all'altezza della corrente nominale IP, per quanto una densità di corrente di 2-4 Ampere/mm² vale come valore di riferimento per la limitazione delle perdite nelle condutture.

Batteria d'accumulo: è una componente costruttiva per dare stabilità all'utilizzo della corrente solare. In questo tipo di utilizzo anche denominato foto voltaico si utilizzano essenzialmente batterie al piombo (= accumulatori al piombo). Nonostante le diverse denominazioni si tratta dal punto di vista del principio sempre di 2 elettrodi di piombo con polarità diverse (+/-) in un contenitore riempito di acido solforico. In caso di particolari requisiti possono avere luogo delle reazioni chimiche irreversibili. Importante è la doppia funzione ovvero da una parte il raccogliere energia (carica) e dall'altra il dare energia (scaricare). Il rendimento dovrebbe essere pari al 95% e l'auto scaricarsi al di sotto del 5%. Se l'accumulatore ha una certa resistenza ai cicli, il suo ciclo vitale può arrivare anche a 20 anni, come anche indicato dalle ditte produttrici.

Alcuni dei concetti più importanti per le batterie solari:

Tensione nominale	Corrisponde alla tensione delle celle di 12V in caso di accumulatori al piombo ovvero un multiplo delle singole celle attivare in fila, per es. 6 celle x 2V/cella = 12V tensione nominale.

Capacità nominale	**Corrisponde alla capacità di accumulo di una cella misurata in Ampere-ore (Ah) ed è dipendente dalla grandezza degli elettrodi.** La capacità utilizzabile è tanto grande quanto è più ridotta la corrente di scarica ovvero se si sceglie un periodo di scarica lungo. Una capacità nominale di per es. 1240Ah-K100 indica che si riferisce ad un tempo di scarico di 100 ore.
Corrente nominale	E' il quoziente tra capacità nominale e tempo di scarica per es. 1240Ah : 100h (K100) = 12,4 A
Densità dell'elettrolita	**Grandezza misurabile dell'acido solforico diluito nelle celle di accumulo.** Si basa sulle indicazioni date dalla ditta fornitrice sul livello di riempimento nominale e sulla temperatura nominale allo stato completamente carico della batteria. Come misura di grandezza si utilizzano i grammi utilizzati per cm^3 (g/cm^3), chilogrammi per dm^3 (kg/dm^3) ovvero per litro (kg/l). In dipendenza dal tipo la densità nominale a stato completamente carico si aggira sui 1,24 g/cm^3, con una temperatura di funzionamento di nella norma sui 25°. L'andare oltre questa temperatura comporta una minore densità, mentre una temperature minore comporta un aumento della densità. Come valore di riferimento in entrambe le direzioni vale circa 0,007g/cm^3 ogni 10°C di mutamento della temperatura. Per una batteria completamente scarica si misurano densità di dell'elettrolita di circa 1,08g/cm^3. A causa della diretta relazione tra densità dell'elettrolita e dello stato di carico di una batteria, la misurazione della densità è utile per stabilire in maniera sicura la riserva di capacità di una batteria.

Dati della batteria	**Al momento dell'acquisto di una batteria la ditta produttrice dovrebbe fornire per es. i seguenti dati:**
	• tensione nominale: .... 12 V
	• capacità nominale: 1240Ah-K100
	• densità elettrolita, carica: .... 1,24 g/cm^3
	                         scarica: .... 1,08 g/cm^3
	• tensione fine carica: .... 14,8 V
	• tensione fine scarica: .... 11 V
	• auto scarica con una temperatura di funzionamento
	   di 40°C: 4,5%

Invertitore: Si trasforma la corrente continua generata dal generatore solare (CC) in corrente alternata come richiesto (CA), per es. 12V CC in 230V CA.

Le prestazioni nominali raggiungibili vengono limitate praticamente per mezzo delle alte correnti elettriche sulla parte della corrente continua:[3]

Potenza continua nominale (Watt)[3]	Parte a corrente continua (Watt=Volt x Ampere)	Parte a corrente alternata (Watt=Volt x Ampere)
2.600	= 12 x 216,7	= 230 x 11,3
3.300	= 24 x 137,5	= 230 x 14,4
4.500	= 48 x 93,7	= 230 x 19,5

Esempio: una potenza continua nominale del invertitore di 2.600 W comporta dalla parte della corrente alternata a 12V un collegamento con cavo 216,7A : 2A/mm² (densità di tensione)= circa 110 mm², per la corrente alternata basta invece per la stessa prestazione nominale una conduttura media di 11,3A : 2A/mm²= circa 6mm².

Un raddoppio o una moltiplicazione del valore dalla parte a corrente alternata per es. 2.600W è reso possibile dall'attivazione in parallelo di due o più invertitori dello stesso tipo. Requisito essenziale a tal fine è che gli altri componenti dell'impianto solare (superficie dei pannelli, capacità della batteria, condutture, regolatore ecc.) devono essere predisposte a questo scopo.

Invertitori di nuova costruzione raggiungono un rendimento di circa 95% del valore nominale del rendimento. Dunque se l'invertitore è di dimensioni troppo grandi o raggiunge solo di rado la prestazione massima, si riduce il rendimento a discapito del proprio utilizzo. Perciò gli apparecchi moderni dispongono di un ulteriore funzione, che spegne l'invertitore automaticamente quando lavora a vuoto (in caso di mancato utilizzo di corrente alternata) e lo accende nuovamente in caso di consumo di per es. 50W.

---

[3] a volte anche indicato come Volt-Ampere (VA)

Dati di funzionamento	Per gli invertitori i dati nominali da parte del produttore sono: • tensione nominale della batteria: .... 12V CC • Tensione d'entrata: .... 11,5-16,5V CC • Tensione d'uscita: .... 230V CA-50Hz sinoidale • Prestazione nominale a regime: .... 2.600VA Corrente nominale in uscita: ....12A CA • intensità di corrente max.: .... 28A CA • rendimento max.: .... 95% • temperatura in funzionamento: .... -40 bis 60°C • peso: 45kg

4 Esempio d'impiego

Nel caso dell'impianto ad energia solare scelto si tratta di approvvigionamento di energia elettrica propria autarchico senza gruppo elettrogeno d'emergenza per una casa unifamiliare a se stante che si trova in una fascia verde con pini sull'isola delle Baleari di Formentera in Spagna (si veda l'appendice 1).

4.1 Indicazioni edilizie

L'edificio, che per il suo aspetto esteriore corrisponde alla tipica finca di questa isola ed ha dunque un perimetro rettangolare (si veda la figura 1) è stato costruito nel 1984 ed è stato inizialmente utilizzato come domicilio per le vacanze[4]; a partire dal 1998 l'utilizzo è mutato in dimora fissa.

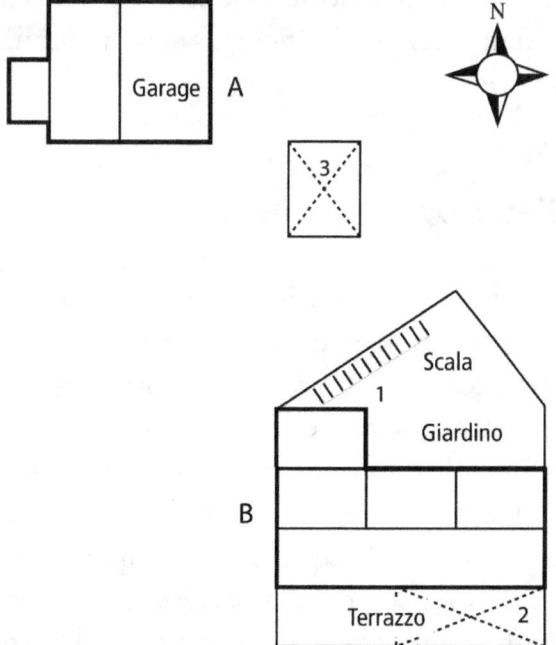

Figura 1:planimetria casa per vacanze con approvvigionamento elettrico solare (M 1:352)

---

[4] posizione geografica: 1°31'35" longitudine est, 38° 40' 15" latitudine nord, 72m sopra NN

L'edificio principale A è coperto da un tetto piatto mentre l'edificio laterale B con un tetto inclinato. Sul tetto piatto sono stati montati in maniera sicura in caso di mal tempo dei pannelli solari con angolo d'incidenza del 32° e rivolti verso sud.

Regolatore di carico, batteria d'accumulo, invertitore e box di collegamento sono situati in un locale areato in maniera naturale e non esposto al sole, ovvero nella così detta stanza 1 sotto la scala del tetto.

L'approvvigionamento idrico dell'edificio principale avviene per mezzo di due cisterne sul tetto di 350L che vengono riempite o dalla cisterna a tetto 2 (35m^3) e/o dalla cisterna del cortile 3 (10m^3) per mezzo di pompe a galleggiante a 12V CC. L'edificio laterale costruito in un secondo tempo viene approvvigionato solo direttamente dalla cisterna del cortile. Le acque di scarico degli edifici principali e secondario vengono filtrate per mezzo di 2 depuratori a tre camere posizionati in maniera separata nel sottosuolo sabbioso.

Frigorifero, fornelli, preparazione dell'acqua calda per la lavastoviglie così come l'acqua peril fabbisogno personale inclusi anche tre radiatori vengono invece azionati con gas butano.

4.2 Concetto d'approvvigionamento

Il concetto base per l'approvvigionamento legato ad un circuito a corrente continua a 12V assicura luce ed acqua; in collegamento con un circuito a corrente alternata a per apparecchi da cucina e di lavoro, televisione e phone ecc.; in maniera particolarmente sicura anche in caso di eccezionali difficoltà nell'approvvigionamento. Infatti contrariamente ad un invertitore, che in caso di caduta della tensione della batteria a circa 11,5V CC si disattiva autonomamente per evitare danni, una pompa per l'acqua o una lampadina a 12V CC funzionano anche nel caso in cui la tensione della batteria scende la disotto dei 10V CC, questo permette di affrontare tempi che vanno oltre al lasso di tempo calcolato di buffer, coprendo difficoltà di approvvigionamento senza un gruppo elettrogeno d'emergenza e senza emissioni (gas di scarico, particelle di fuliggine, rumore, vibrazioni ecc.).

4.3 Costi

L'impianto solare è stato utilizzato a partire dal 1986 in corrispondenza alle possibilità tecniche e le necessità di allora, in un primo momento come impianto a 12V a corrente continua per l'illuminazione. Anni dopo, passo dopo passo, si è adattato l'impianto agli standard tecnici attuali:
- 12V-circuito a corrente continua per illuminazione e pompa dell'acqua e per piccoli elettrodomestici ecc.
- 230V-circuito a corrente alternate per elettrodomestici, televisione, telefono e computer ecc.

Il totale delle somme necessarie a tal fine, inclusi i costi di montaggio e l'IVA, è riportata nella tabella 1 e corrisponde agli ammontare necessari per un impianto di durata media di 20 anni, ad interessi del capitale utilizzato pari al 5%, ed una detrazione fiscale annua di circa 1.200 €. A queste somme corrisponde un rendimento annuo di circa 600 chilowattora (kWh), che corrisponde ad un prezzo dell'energia elettrica di 1.200€ : 600 kWh = circa 2 €/kWh.

Componenti Solari	Valori di prestazioni	Prezzo	Annotazioni
Pannelli solari	4,5m^2/650WN	8.820 €	ditta ATERSA ditta ISOFOTON
Batteria di magazzinaggio	1.240Ah/14.880Wh	2.800 €	Ditta TUDOR
Regolatore di carica	12V/35^a	180 €	Ditta MORNINDCTAR
invertitore	12V DC/230V AC 2600W 50Hz forma sinoidale	3.200 €	ditta TRACE
Somma (brutto)		**15.000 €**	

5 Dimensionamento di un impianto solare

5.1 Stabilire il fabbisogno energetico totale giornaliero

La tabella qui di seguito riportata e che riassume il fabbisogno giornaliero si basa su di un elenco dei consumi con una durata dell'utilizzo stimata (confronto appendice 2):

Pag. n.	Consumatori di corrente continua 12V fabbisogno energetico giornaliero			Consumatori corrente alternata 230V AC fabbisogno energetico giornaliero			Base per la misurazione del fabbisogno energetico giornaliero		
	(W)	(W/d)	(Ah/d)	(W)	(Wh/d)	(Ah/d)	(W)	(Wh/d)	(Ah/d)
	1	2	3=2:12V	4	5	6=5:12V	7=1+4	8=2+5	9=3+6
1	496	595	49,40	856	360	30,05	1.352	955	79,45
2	150	177	14,70	2.423	1.380,5	98,40	2.423	1.380,5	129,80
3	78	55	4,50	-	-	-	78	55	4,50
Somma	724	827	68,60	3.279	1.540,5	128,45	4.003	4.322,5	ca. 194
+ 2,5% di 1240 Ah (ricarica automatica batteria):									ca. 31
+ 2,5% di 130 Ah (perdite invertitore):									ca. 3
+ 5,0% di 194 Ah (perdite rendimento):									ca. 10
Fabbisogno giornaliero d'energia in Ampere-ore (Ah):									ca. 238

5.2 Scelta del generatore solare

238 Ah/giorno	:	53 Ah/giorno/m²	=	circa 4,5 m²
Fabbisogno energetico (calcolato)		possibile capacità di carico (misurata)		superficie di pannello necessaria (raccomandata)

5.3 Dimensionamento della capacità di accumulo

238 Ah/giorno	x	**5 giorni**	=	**1.190 Ah**
Fabbisogno energetico (calcolato)		lasso di tempo buffer senza sole (osservato)		capacità di accumulo necessaria per la batteria (raccomandata)

6 Raccolta di valori in base all'esperienza

Misura di riferimento	Valore di riferimento	Condizioni secondarie
energia di carica dei generatori solari: Per giorno e m² di superficie pannello:	40-60 Ah/m²/giorno	Pannelli solari orientati verso sud con un angolo di incidenza di 32° rispetto all'orizzontale e possibilmente senza ombre
fabbisogno energia di carica in relazione con l'energia consumata e calcolata:	1,3 volte	Scaricamento della batteria e perdite dell'invertitore di ognuno 2,5% Così come perdita in cavo del 5%
potenza nominale necessaria in relazione alla capacità di accumulo della batteria:	per 1W/2Ah	Capacità di batteria inclusi 5 gg. di autonomia di sistema (= lasso di tempo buffer)
costi energia solare:	2 €/kWh	Costi d'acquisto e di installazione incl. 16% IVA su circa 15.000 € per un periodo di utilizzo di 20 anni.

7 Manutenzione dell'impianto

Componente dell'impianto	Mansioni di manutenzione e controllo	Intervallo
Pannelli solari	• Controllo regolatore di carica: corrente di carica (A) tensione di carica (V)	**1 x al giorno**
	• pulizia della superficie dei pannelli: incrostazioni, polvere ecc.	**1 x al mese**
Batteria d'accumulo	• controllo del livello di riempimento e della temperatura esterna: eventualmente riempire le celle con acqua distillata eliminare incrostazioni	**1 x al mese**
	• controllo dello stato di carica delle singole celle: Misurare il peso specifico dell'elettrolita (Aerometro)	**2-4 x l'anno**
	• stringere i cablaggi:	**1 x l'anno**
Invertitore	• scelta del sistema operativo: Opzione messa a disposizione (funzionamento economico) Opzione funzionamento continuato	**Quando necessario ed in base all'irradiazione solare**
	• Controllo dell'entrata corrente continua e delle misure in uscita dalla corrente alternata (V,A ovvero V,A,Hz):	**1 x al mese**
	• controllo della temperatura della batteria:	**In caso di necessità nei mesi estivi**
Cavo e collegameti alle condutture	• Controllo e stretta dei collegamenti nel settore a corrente continua:	**1 x l'anno**

8 Appendice

8.1 Cartina di Formentera

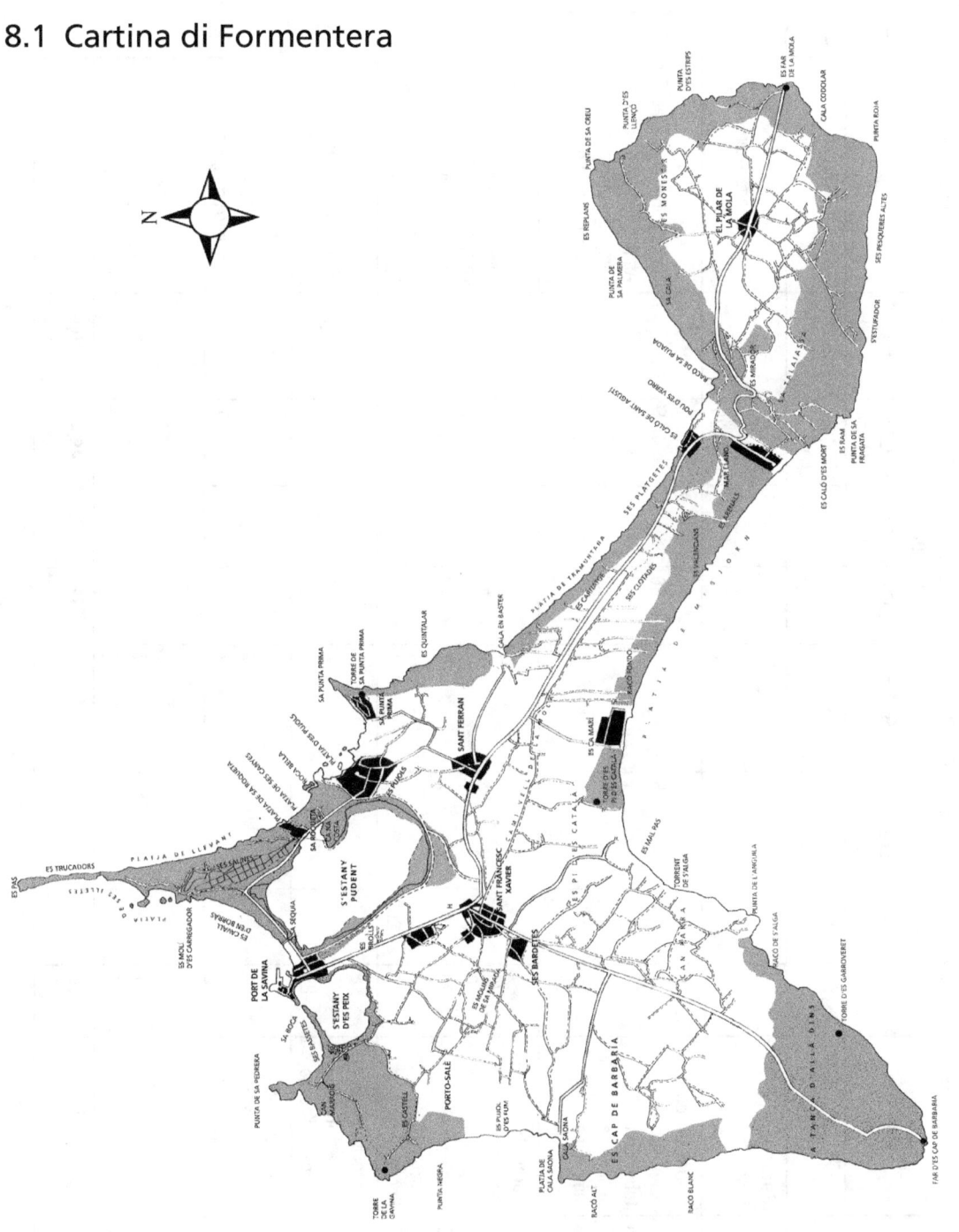

8.2 Impianto energia solare Casa Christiane

(1.7.2005)

Lfd. Nr.	Consumatore	Prestazione		Durata dell'utilizzo		Bisogno energia		Consumo batteria		Annotazioni
		CC (Watt)	CA (Watt)	ore (h) per giorno	Giorni (d) per settimana	CC (Wh/d)	CA (Wh/d)	CC (Ah/d)	CA (Ah/d)	
(1)	(2)	(3)	(4)	(5)	(6)	(7)= (3)x(5)	(8)= (4)x(5)	(9)= (7):12V	(10)= (8):12V	(11)
	Garage									
1	lampadina	12	-	5	7	60	-	5	-	Illuminazione esterna
2	tubo neon	12	-	0,25	7	3	-	0,25	-	Illuminazione interna
	Appartemento									
3	lampadina	12	-	5	7	60	-	5	-	Illuminazione cortile
4	tubo neon	12	-	1	7	12	-	1	-	Angolo cottura
5	lampadine	20	-	1	7	20	-	1,70	-	Lampada comodino
6	lampadine	10	-	1	7	10	-	0,85	-	Lampada soffitto
7	Ventilatore	-	53	3	7	-	159	-	13,25	Apparecchio a soffitto
	Bagno III									
8	lampadine	20	-	1	7	20	-	1,70	-	lavandino/Specchio
9	lampadine	10	-	1	7	10	-	0,85	-	Lampada soffitto
10	tubo neon	20	-	2	7	40	-	3,40	-	Entrata bagno III
11	spazzolino elettrico	-	3	0,30	7	-	-	-	0,10	Apparecchio ricarica
12	Phone	-	800	0,25	7	-	200	-	16,70	Fon da viaggio
	Cisterna 2/10									
13	Pompa dell'acqua	85	-	1	7	85	-	7	-	Approvvigionamento idrico
14	Pompa dell'acqua	85	-	1	7	85	-	7	-	Aumento pressione
	Cisterna 1/35									
15	Pompa dell'acqua	85	-	1	7	85	-	7	-	Cisterna sul tetto I+II
16	Pompa dell'acqua	85	-	1	7	85	-	7	-	Aumento pressione
	Terrazza									
17	lampadina	11	-	1	7	11	-	0,90	-	Illuminazione terrazza
18	lampadina	11	-	0,25	7	3	-	0,25	-	Entrata laterale
19	tubo neon	6	-	1	7	6	-	0,50	-	Entrata principale
1-19	Riporto pagina 1	496	856			595	360	49,40	30,05	

lfd. Nr.	Consumatore	Prestazione CC (Watt)	Prestazione CA (Watt)	Durata dell'utilizzo ore (h) per giorno	Durata dell'utilizzo Giorni (d) per settimana	Bisogno energia CC (Wh/d)	Bisogno energia CA (Wh/d)	Consumo batteria CC (Ah/d)	Consumo batteria CA (Ah/d)	Annotazioni
1-19	**Riporto pagina 1**	496	856			595	360	49,40	30,05	
	Cortile interno									
20	lampadina	11	-	1	7	11	-	0,90	-	Entrata bagno I
21	lampadina	11	-	1	7	11	-	0,90	-	Scala tetto
22	lampadina	16	-	2	7	32	-	270	-	Illuminazione cortile
	salotto									
23	lampadine	22	-	2	7	44	-	3,70	-	Angolo al camino
24	lampadina	11	-	1	7	11	-	0,90	-	Tavola
25	lampadina	10	-	0,50	7	5	-	0,40	-	credenza
26	televisione	-	115	1,50	7	-	172,50	-	14,40	antenna a tetto
	Cucina									
27	Tubo neon	24	-	1	7	24	-	2	-	Lavello
28	Fornelli elettrici	-	600	0,10	7	-	60	-	5	Micro onde
29	cicalino	-	5	24	7	-	120	-	10	
30	Mixer	-	100	0,10	7	-	10	-	0,80	Pimer
	Bagno I									
31	lampadina	11	-	1	7	11	-	0,90	-	Illuminazione a soffitto
32	lampadine	22	-	1	7	22	-	1,80	-	lavandino/Specchio
33	lavatrice	-	800	0,75	7	-	600	-	50	boiler a gas
34	spazzolino elettrico	-	3	6	7	-	18	-	1,50	apparecchio ricarica
35	Phone	-	800	0,25	7	-	200	-	16,70	phon da viaggio
	Bagno II									
36	Tubo neon	12	-	0,50	7	6	-	0,50	-	lavandino/Specchio
20-36	**Somma pag. 2**	150	2.423			177	1.180,5	14,70	98,40	

lfd. Nr.	Consumatore	Prestazione		Durata dell'utilizzo		Bisogno energia		Consumo batteria		Annotazioni
		CC (Watt)	CA (Watt)	ore (h) per giorno	Giorni (d) per settimana	CC (Wh/d)	CA (Wh/d)	CC (Ah/d)	CA (Ah/d)	
20-36	Somma pag. 2	150	2.423			177	1.180,5	14,70	98,40	
	Camera da letto I									
37	lampadina	12	-	0,50	7	6	-	0,50	-	Illuminazione a soffitto
38	lampadina	10	-	1	7	10	-	0,80	-	Lampada comodino
	Camera da letto II									
39	lampadina	12	-	0,50	7	6	-	0,50	-	Illuminazione a soffitto
40	Tubo neon	10	-	1	7	10	-	0,80	-	Lampada comodino
	Camera da letto III									
41	Tubo neon	12	-	1	7	12	-	1	-	Illuminazione a soffitto
42	lampadine	22	-	0,50	7	11	-	0,90	-	Lampada comodino
37-42	Somma pag. 3	78	-			55	-	4,50	-	
1-42	**Consumo totale**	724	3.279			827	1.540,5	68,60	128,45	**Base per la scelta dell'impianto solare Come indicato alla cifra 5 del manuale**

SOLARSTROM FIBEL

Dipl.-Ing. Wilhelm Schroll

Inhalt

1 Vorbemerkung 103

2 Fachausdrücke 105

3 Basiswissen 107
   3.1 Elektrische Einheiten 107
   3.2 Technische Daten 107

4 Anwendungsbeispiel 115
   4.1 Bauliche Vorgaben 115
   4.2 Versorgungskonzept 116
   4.3 Kostenrahmen 117

5 Bemessung von Solarstromanlagen 119
   5.1 Ermittlung des Gesamtenergiebedarfs pro Tag 119
   5.2 Auslegung des Solargenerators 119
   5.3 Bemessung der Speicherkapazität 120

6 Zusammenstellung von Erfahrungswerten 121

7 Anlagenwartung 123

8 Anhang 125
   8.1 Karte von Formentera 125
   8.2 Solarstrom-Anlage Casa Christiane 126

1 Vorbemerkung

Umweltfreundlich, ohne Geräusche und Emissionen auf dem eigenen Grundstück Strom erzeugen – das ermöglicht die Fotovoltaik. Diese Technologie, die ursprünglich im Weltraum für die Stromerzeugung bei den Weltraumstationen und Satelliten eingesetzt wird, kommt immer öfter auf der Erde zur Anwendung und hat sich in den vergangenen Jahren zu einer sauberen Alternative für eine konventionelle Energieversorgung mit fossilen Brennstoffen entwickelt.

Die vorliegende Fibel ist für alle Solarstrominteressierte gedacht. Sie soll den Einstieg in die Materie für Nichtfachleute erleichtern und die Schritte zur praktischen Umsetzung von sogenannten »autarken, auf sich gestellten Insellösungen« unter Verzicht auf Notstromaggregate aufzeigen.

Das gewählte Versorgungskonzept sieht dazu einen 12-Volt-Gleichstromkreis für eine Grundversorgung mit Licht und Wasser sowie einen 230-Volt-Wechselstromkreis für Küchen- und Arbeitsgeräte vor. Die Vorteile der Gleichstrom- gegenüber den Wechselstromverbrauchern zeigen sich in einer in der Regel elastischeren Betriebskennlinien von 12 Volt, die auch noch bei Ladeengpässen und einer Batteriespannung von etwa 9,5 Volt eine Licht- und Wasserversorgung gewährleisten können.

2 Fachausdrücke

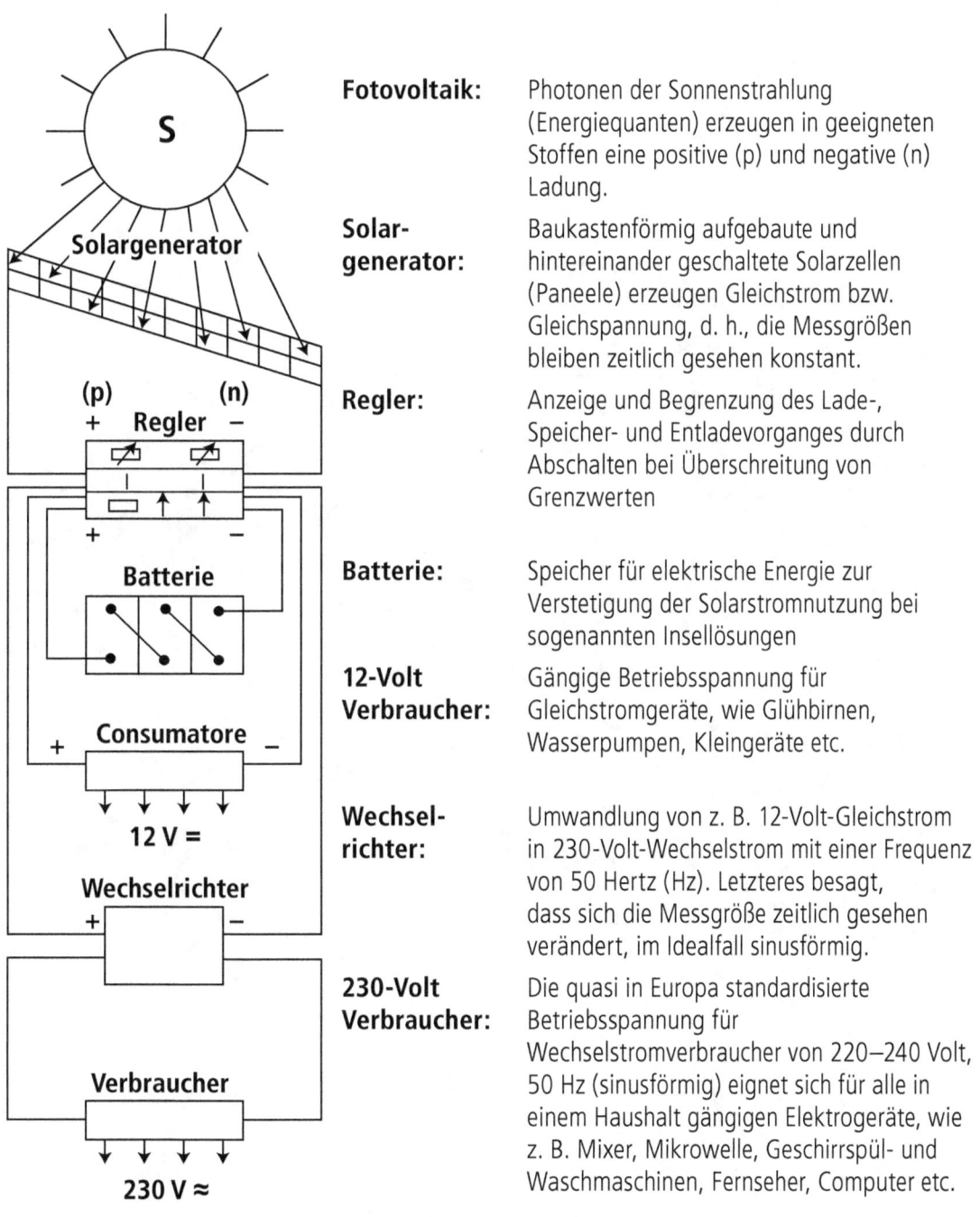

Fotovoltaik: Photonen der Sonnenstrahlung (Energiequanten) erzeugen in geeigneten Stoffen eine positive (p) und negative (n) Ladung.

Solargenerator: Baukastenförmig aufgebaute und hintereinander geschaltete Solarzellen (Paneele) erzeugen Gleichstrom bzw. Gleichspannung, d. h., die Messgrößen bleiben zeitlich gesehen konstant.

Regler: Anzeige und Begrenzung des Lade-, Speicher- und Entladevorganges durch Abschalten bei Überschreitung von Grenzwerten

Batterie: Speicher für elektrische Energie zur Verstetigung der Solarstromnutzung bei sogenannten Insellösungen

12-Volt Verbraucher: Gängige Betriebsspannung für Gleichstromgeräte, wie Glühbirnen, Wasserpumpen, Kleingeräte etc.

Wechselrichter: Umwandlung von z. B. 12-Volt-Gleichstrom in 230-Volt-Wechselstrom mit einer Frequenz von 50 Hertz (Hz). Letzteres besagt, dass sich die Messgröße zeitlich gesehen verändert, im Idealfall sinusförmig.

230-Volt Verbraucher: Die quasi in Europa standardisierte Betriebsspannung für Wechselstromverbraucher von 220–240 Volt, 50 Hz (sinusförmig) eignet sich für alle in einem Haushalt gängigen Elektrogeräte, wie z. B. Mixer, Mikrowelle, Geschirrspül- und Waschmaschinen, Fernseher, Computer etc.

3 Basiswissen

3.1 Elektrische Einheiten

lfd. Nr.	Messgröße	Messeinheit	alternative Bezeichnung
1	elektrische Spannung (U)[1]	1 Volt (V) = 1 000 Millivolt (mV) 1 000 V = 1 Kilovolt (kV)	Potenzialdifferenz
2	elektrischer Strom (I)[1,2]	1 Ampere (A) = 1 000 Milliampere (mA) 1 000 A = 1 Kiloampere (kA)	Stromstärke
3	elektrische Leistung (P)[1]	1 Watt (W) = 1 V x 1 A = 2 V x 0,5 A 1 000 W = 1 Kilowatt (kW)	Solargenerator-/ Verbraucherleistung
4	elektrische Energie (E)[2]	1 Wattstunde (Wh) = 1 W x 1 h = 4 W x 0,25 h = 0,25 W x 4 h 1 Amperestunde (Ah) = 1 A x 1 h = 0,25 A x 4 h = 4 A x 0,25 h	Lade-, Entlade- oder Speicherkapazität

3.2 Technische Daten

Solarzellen: Die Angaben der Solarzellenhersteller basieren auf den internationalen Standard-Testbedingungen (STB):

- Sonneneinstrahlung G (Globalstrahlung): .... 1 000 Watt/m^2
- Betriebstemperatur T: .... 25 °C
- Weglänge eines direkten Sonnenstrahls in der Erdatmosphäre (Air Mass): .... AM – 1,5

---

[1] zur Berechnung der Solar- und Verbraucherleistung
[2] zur Auslegung der Speicherkapazität einer Batterie

Zu den wichtigsten Begriffen zählen:

Nennspannung U_N	Potenzialdifferenz bei max. Ladeleistung
	• monokristalline Zellen: 0,48 V je Zelle
	• polykristalline Zellen: 0,46 V je Zelle
	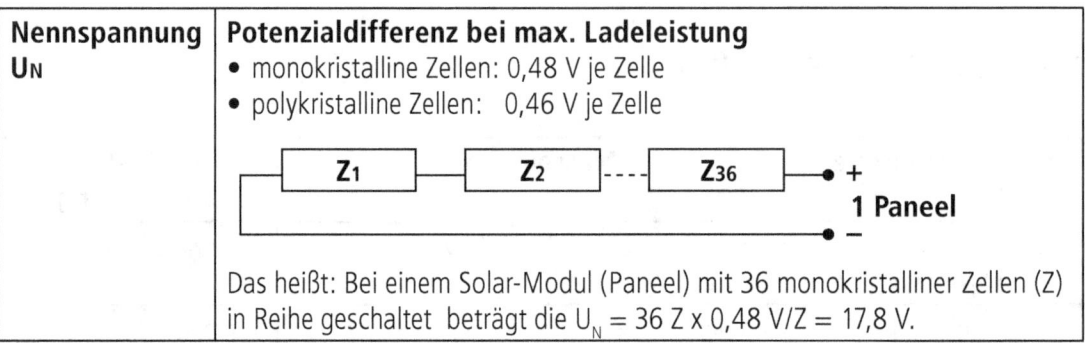
	1 Paneel
	Das heißt: Bei einem Solar-Modul (Paneel) mit 36 monokristalliner Zellen (Z) in Reihe geschaltet beträgt die U_N = 36 Z x 0,48 V/Z = 17,8 V.
Nennstrom I_N	**Stromstärke bei max. Ladeleistung**
	• 10 cm x 10 cm Zellen: 2,8 – 3,3 A je Zelle
	• 15 cm x 15 cm Zellen: z. B. 7,54 A je Zelle
	<u>Das heißt:</u> Ein Solar-Modul (Paneel) mit 36 in Reihe geschalteter monokristalliner 15cm-x-15cm-Zellen verfügt über den Nennstrom einer Einzelzelle z. B. 7,54 A. Eine Steigerung des Nennstromes wird durch ein Parallelschalten von Solarpaneelen erreicht:
	2 Paneele
	Der Nennstrom der Anlage beträgt dann z. B. bei:
	• 2 Paneelen je 7,54 A = 15,08 A
	• 3 Paneelen je 7,54 A = 22,62 A ... usw.
Nennleistung P_N	**Leistung des Solargenerators bezogen auf die Standard-Testbedingungen (STB).**
	Sie entspricht dem Produkt aus Nennspannung U_N und Nennstrom I_N:
	z. B. 17,4 V x 7,54 A = 130 Watt (W) oder auch 130 Voltampere (VA)
Leerlaufspannung U_L	**Potenzialdifferenz bei offenem Stromkreis (I = 0)**
	Bei kristallinen Zellen liegt diese i. d. R. 23 bis 25 % über der Nennspannung U_N, z. B. 17,4 V x 1,25 (25 %) = 22,25 V. Nachvollziehbar über die Zellenkennlinie (U und I als Funktion von Sonneneinstrahlung und Temperatur).

Kurzschlussstrom I_K	**Stromstärke bei max. Ladeleistung und kurzgeschlossener Leitungen.** Bei kristallinen Zellen liegt dieser 6–12 % über dem Nennstrom I_N, z. B. 7,54 A × 1,12 (12 %) = 8,44 A und ist i. d. R. ohne nachteiligen Einfluss auf die Solarzellen, sofern es sich um einen kurzzeitigen Betriebszustand handelt.
Wirkungsgrad η	**Umwandlungswirkungsgrad (Sonne/Strom) bei max. Ladeleistung** • bei monokristallinen Zellen: .... 13–16 % • bei polykristallinen Zellen: .... 10–15 % • bei amorphen Dünnschichtzellen: .... 3–8 % Das heißt: Ein Paneel mit 130 W Nennleistung P_N und einer Gesamtzellenfläche von 0,81 m² entspricht einem P_N von 130 W / 0,81 m² = 160 W/m² und ergibt, bezogen auf die STB für die Globalstrahlung von 1 000 W/m², einen η von 160 W/m² : 1 000 W/m² = 0,16 (= 16 %); im Vergleich dazu hat eine herkömmliche Glühbirne nur einen η (Strom/Licht) von ca. 5 %. Nicht darunter fallen die »Energiesparbirnen«!

Schutzdioden D	**Bauelemente zum Schutz gegen nachteilige Auswirkungen auf Solarpaneele (Bypass-Diode B-D) und Speicherbatterie (Schottky-Diode Sch-D):** 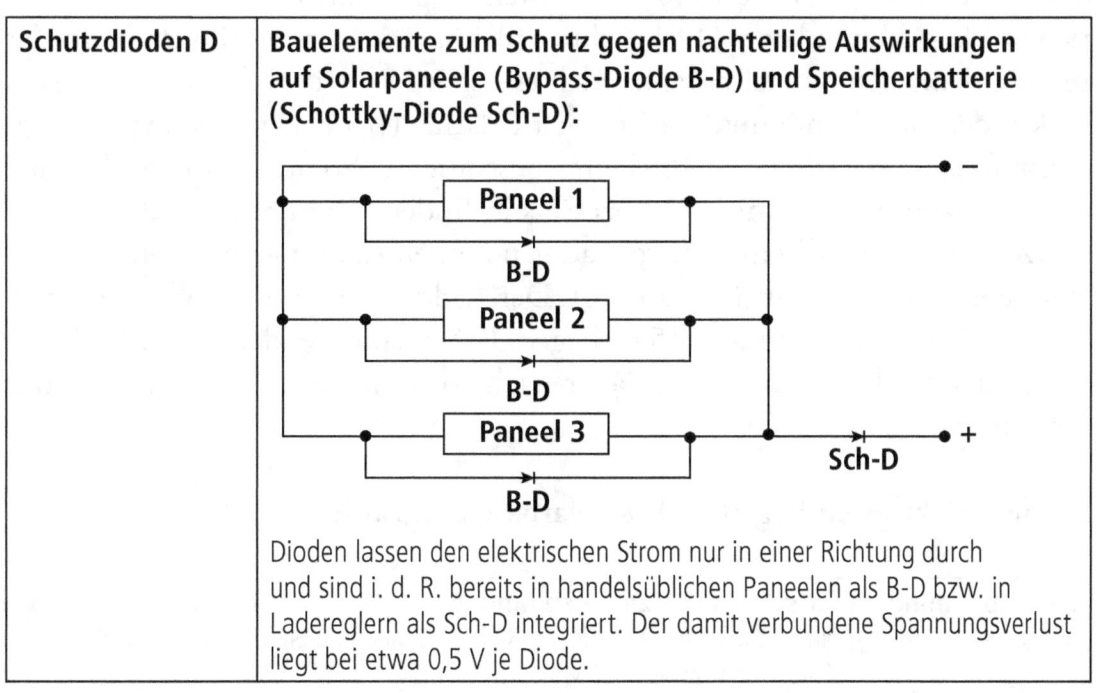 Dioden lassen den elektrischen Strom nur in einer Richtung durch und sind i. d. R. bereits in handelsüblichen Paneelen als B-D bzw. in Ladereglern als Sch-D integriert. Der damit verbundene Spannungsverlust liegt bei etwa 0,5 V je Diode.

Laderegler L	Begrenzung der Strom- und Spannungshöhe vom Solargenerator zur Speicherbatterie, unabhängig von der aktuellen Ladeleistung Zu den Standard-Schutzfunktionen für Speicherbatterien zählen: • Rückentladeschutz • Überladungsschutz • Tiefentladeschutz mit z. B. nachstehender Reglereinstellung: • Leerlaufspannung (12 V Batterie): .... 21,3 V • Spannungsschwelle-Überladung: .... 2,45 V/Z • Spannungsschwelle-Tiefentladung: .... 1,85 V/Z • Grenzbereichsanzeige: .... optisch/akustisch Der Eigenverbrauch des Reglers sollte kleiner als 12,5 mA = 0,0125 A sein.
Kabel-querschnitte	Auswahl der Leitungsquerschnitte erfolgt nach der Höhe des Nennstromes I_N, wobei eine Stromdichte von 2-4 Ampere/mm² als Richtwert zur Begrenzung der Leitungsverluste gelten sollte.

Speicherbatterie: ist ein Bauelement zur Verstetigung der Solarstromnutzung. In der auch als Fotovoltaik bezeichneten Anwendung kommen bevorzugt Bleibatterien (= Blei-Akkumulator = Blei-Akku = Blei-Sammler) zum Einsatz. Trotz der unterschiedlichen Bezeichnung handelt es sich im Prinzip aber immer um zwei Elektroden aus Blei mit unterschiedlicher Polarität (+/-) in einem mit verdünnter Schwefelsäure gefüllten Gefäß. Unter bestimmten Voraussetzungen können dabei umkehrbare chemische Prozesse stattfinden. Damit verbunden ist der Nutzen, dass wechselseitig Energie aufgenommen (Ladung) und auch wieder abgegeben werden kann (Entladung). Der Ladewirkungsgrad sollte bei 95 % und die Selbstentladung unter 5 % liegen. Bei entsprechender Zyklenfestigkeit des Speichers, kann die Lebensdauer nach Auskunft der Hersteller zwanzig Jahre betragen.

Zu den wichtigsten Begriffen für Solarbatterien zählen:

Nennspannung	Entspricht der Zellenspannung von 12 V bei Blei-Akkus bzw. einem Vielfachen von den in Reihe geschalteten Einzelzellen, z. B. 6 Zellen x 2 V/Zelle = 12 V Nennspannung.

Nennkapazität	**Entspricht der Speicherkapazität einer Zelle gemessen in Amperestunden (Ah) und ist von der Elektrodengröße abhängig.** ie nutzbare Kapazität ist umso größer, je kleiner der Entladestrom ist bzw. je länger die Entladezeit gewählt wird. Eine Nennkapazität von z. B. 1 240 Ah (K100) besagt, dass sich diese auf eine 100-stündige Entladung bezieht.
Nennstrom	**Ist der Quotient aus Nennkapazität und Entladezeit, z. B. 1 240 Ah : 100 h (K100) = 12,4 A.**
Elektrolytdichte	**Messgröße für die verdünnte Schwefelsäure in den Speicherzellen.** Sie richtet sich nach den werkseitigen Angaben zum Nennfüllstand und zur Nenntemperatur im voll geladenen Betriebszustand. Als Messeinheit sind Gramm je cm^3 (g/cm^3), Kilogramm je dm^3 (kg/dm^3) bzw. je Liter (kg/l) in Verwendung. Typenabhängig liegt die Nenndichte im geladenen Zustand bei ca. 1,24 g/cm^3, wobei die Betriebstemperatur i. d. R. 25 °C beträgt. Eine Überschreitung der Temperatur führt zu einer Verringerung, eine Unterschreitung zu einer Erhöhung der Dichte. Als Richtwert in beide Richtungen gelten ca. 0,007 g/cm^3 je 10 °C Temperaturänderung. Für eine vollständig entladene Batterie sind Elektrolytdichten um 1,08 g/cm^3 festzustellen. **Wegen des linearen Zusammenhangs von Elektrolytdichte und Ladezustand einer Batterie eignet sich eine Dichtemessung besonders für eine sichere Abschätzung der Kapazitätsreserve bei Batterien.**
Betriebsdaten	Bei einem Batteriekauf sollten vom Lieferanten z. B. folgende Daten mitgeliefert werden: • Nennspannung: .... 12 V • Nennkapazität: .... 1 240 Ah (K100) • Elektrolytdichte, geladen: .... 1,24 g/cm^3 ungeladen: .... 1,08 g/cm^3 • Ladeschlussspannung: .... 14,8 V • Entladeschlussspannung: .... 11 V • Selbstentladung bei Betriebstemperatur von 40 °C: .... 4,5 %

Wechselrichter: Sie wandeln den vom Solargenerator erzeugten Gleichstrom (GS) in den gewünschten Wechselstrom (WS) um, z. B. 12V-Gleichstrom in

230V-Wechselstrom. Die dabei erzielbaren Nennleistungen werden praktisch durch die hohen elektrischen Ströme auf der Gleichstromseite begrenzt:

Dauernennleistung (Watt)[3]	Gleichstromseite (Watt = Volt x Ampere)	Wechselstromseite (Watt = Volt x Ampere)
2 600	= 12 x 216,7	= 230 x 11,3
3 300	= 24 x 137,5	= 230 x 14,4
4 500	= 48 x 93,7	= 230 x 19,5

Beispiel: Eine Dauernennleistung des Wechselrichters von 2 600 W bedingt auf der 12-Volt-Gleichstromseite einen Kabelanschluss von 216,7 A : 2 A/mm² (Stromdichte) = rd. 110 mm²; wechselstromseitig genügt hingegen für die gleiche Nennleistung ein Leitungsquerschnitt von 11,3 A : 2 A/mm² = rd. 6 mm².

Eine Verdoppelung bzw. Vervielfachung des wechselstromseitigen Anschlusswertes von z. B. 2 600 W ist durch ein Parallelschalten zweier oder mehrerer typengleicher Wechselrichter möglich. Voraussetzung dafür ist aber, dass die übrigen Komponenten der Solarstromanlage (Paneelfläche, Batteriekapazität, Leitungen, Regler etc.) danach ausgelegt sind.

Wechselrichter neuerer Bauart erreichen einen Wirkungsgrad um 95 % bezogen auf die Nennleistung. Das heißt: Ist der Wechselrichter überdimensioniert oder nur teilweise ausgelastet, verringert sich der Wirkungsgrad zulasten des Eigenverbrauches. Deshalb sind moderne Geräte mit einer Option »Vorhaltung« ausgestattet, die den Wechselrichter bei Leerlauf (fehlende Wechselstromverbraucher) selbsttätig abschaltet und erst ab einer Verbrauchsleistung von z. B. 50 W wieder voll zuschaltet.

---

[3] gelegentlich auch als Volt-Ampere (VA) angegeben

Betriebsdaten	Für Wechselrichter beispielhafte Werksangaben sind:
	• Nennspannung der Batterie: .... 12 V GS
	• Eingangsspannung: .... 11,5 – 16,5 V GS
	• Ausgangsspannung: .... 230 V WS (50 Hz sinusförmig)
	• Dauernennleistung: .... 2 600 VA
	• Ausgangsnennstrom: .... 12 A WS
	• max. Stromstärke: .... 28 A WS
	• max. Wirkungsgrad: .... 95 %
	• Betriebstemperatur: .... -40 bis 60 °C
	• Gewicht: .... 45 kg

4 Anwendungsbeispiel

Bei der beispielhaft ausgewählten Solarstromanlage handelt es sich um eine autarke Eigenstromversorgung ohne Notstromaggregat für ein einzelstehendes Wohnhaus in einer geschützten, mit Pinien bewachsenen Grünzone auf der Baleareninsel Formentera in Spanien (siehe Anhang 1).

4.1 Bauliche Vorgaben

Das 1984 zunächst als Ferienhaus[4] errichtete und ab 1998 als ständiger Wohnsitz genutzte Anwesen entspricht in Form und Aussehen dem inseltypischen Fincabaustil mit überwiegend rechteckigen Grundrissen (vgl. Abbildung 1).

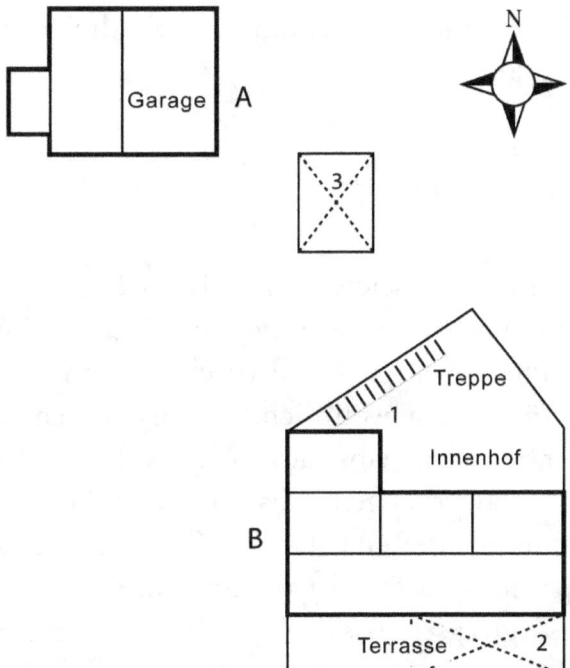

Abb.1: Grundriss Ferienhaus mit Solarstromversorgung (M 1:352)

---

[4] Geographische Lage: 1° 31' 35', östlicher Länge, 38° 40' 15', nördliche Breite, 72m über NN.

Das Hauptgebäude A besitzt ein Flachdach, das Nebengebäude B ein Schrägdach. Auf dem Flachdach sind mit einem Anstellwinkel von 32° die nach Süden ausgerichteten Solarpaneele sturmsicher montiert.

Laderegler, Speicherbatterien, Wechselrichter und Anschlusskästen sind in dem natürlich belüfteten und sonnenabgewandten Raum 1 unterhalb der Dachtreppe installiert.

Die Wasserversorgung des Hauptgebäudes erfolgt über zwei 350-Liter-Dachzisternen, die entweder von der Terrassenzisterne 2 (35 m^3) und/oder von der Hofzisterne 3 (10 m^3) mittels schwimmergesteuerten 12-Volt-Pumpen gefüllt werden. Das später errichtete Nebengebäude wird ausschließlich und direkt über die Hofzisterne versorgt. Die Abwässer von Haupt- und Nebengebäude werden über zwei räumlich getrennte Dreikammerklärgruben geführt und versickern dann im sandigen Untergrund.

Kühlschrank, Küchenherd, die Warmwasseraufbereitung für den persönlichen Bedarf und die Wasch- und Spülmaschine sowie drei Heizradiatoren werden mit Butangas betrieben.

4.2 Versorgungskonzept

Das Festhalten am 12-Volt-Gleichstromkreis als Basis für eine Grundversorgung mit Licht und Wasser im Verbund mit einem 230-Volt-Wechselstromkreis für Küchen- und Arbeitsgeräte, Fernseher, Föhn etc. schafft zusätzliche Sicherheitsreserven für außergewöhnliche Versorgungsengpässe. Im Gegensatz zum Wechselrichter, der sich selbsttätig beim Abfallen der Batteriespannung auf rund 11,5 V schadenvorbeugend abschaltet, funktioniert eine mit 12 Volt betriebene Wasserpumpe oder eine 12-Volt-Glühbirne auch noch bei weniger als 10-V-Batteriespannung und hilft dadurch über die kalkulierte Pufferzeit hinausgehende Versorgungsengpässe ohne Notstromaggregat und Emissionen (Abgase, Rußpartikel, Lärm, Vibrationen etc.) zu überbrücken.

4.3 Kostenrahmen

Die Solarstromanlage wurde ab 1986 entsprechend den damaligen technischen Möglichkeiten und Bedürfnissen zunächst als 12-Volt-Gleichstromanlage für Beleuchtungszwecke betrieben. Jahre danach erst erfolgte die schrittweise Anpassung an den aktuellen Stand:
- 12V-Gleichstromkreis für Beleuchtung und Wasserpumpen sowie Kleingeräte etc.
- 230V-Wechselstromkreis für Haushaltsgeräte, Fernseher, Telefon Computer etc.

Die dafür insgesamt aufgewendeten Beträge einschließlich Montagekosten und Umsatzsteuer sind in nachstehender Tabelle zusammengefasst und entsprechen in Summe, bei einer mittleren Anlagenlebensdauer von zwanzig Jahren und einer Verzinsung des eingesetzten Kapitals von 5 %, einer jährlichen Abschreibung von rund 1 200 €. Dem gegenüber steht eine jährlich erzielbare Leistung von zirka 600 Kilowattstunden (kWh), dies entspricht einem Strompreis von 1 200 € : 600 kWh = rd. 2,0 €/kWh.

Solarkomponenten	Leistungswerte	Preis	Anmerkungen
Solarpaneele	4,5 m² / 650 W_N	8 820 €	Fa. ATERSA Fa. ISOFOTON
Speicherbatterie	1 240 Ah / 14 880 Wh	2 800 €	Fa. TUDOR
Laderegler	12 V / 35 A	180 €	Fa. MORNINGSTAR
Wechselrichter	12 V GS / 230 V WS 2 600 W 50 Hz sinusförmig	3 200 €	Fa. TRACE
Summe (brutto)		**15 000 €**	

5 Bemessung von Solarstromanlagen

5.1 Ermittlung des Gesamtenergiebedarfs pro Tag

Nachstehende Bedarfszusammenfasung basiert auf einer Verbraucherliste mit einer geschätzten täglichen Nutzungsdauer (vgl. Anhang 2):

Seiten-Nr.	12 V GS-Verbraucher			230 V WS-Verbraucher			Bemessungsgrundlage		
	Leistung	Energiebedarf i. M. pro Tag		Leistung	Energiebedarf i. M. pro Tag		Leistung	Energiebedarf i. M. pro Tag	
	(W)	(W/d)	(Ah/d)	(W)	(Wh/d)	(Ah/d)	(W)	(Wh/d)	(Ah/d)
	1	2	3 = 2 : 12 V	4	5	6 = 5 : 12 V	7 = 1 + 4	8 = 2 + 5	9 = 3 + 6
1	496	595	49,40	856	360,0	30,05	1 352	955,0	79,45
2	150	177	14,70	2 423	1 380,5	98,40	2 423	1 380,5	129,80
3	78	55	4,50	–	–	–	78	55,0	4,50
Summe	724	827	68,60	3 279	1 540,5	128,45	4 003	4 322,5	ca. 194
+ 2,5 % von 1 240 Ah (Batterie-Selbstentladung):									ca. 31
+ 2,5 % von 130 Ah (Wechselrichterverluste):									ca. 3
+ 5,0 % von 194 Ah (Leitungsverluste):									ca. 10
Erforderlicher täglicher Energiebedarf in Amperestunden (Ah):									ca. 238

5.2 Auslegung des Solargenerators

238 Ah/Tag	:	53 Ah/Tag/m²	=	rd. 4,5 m²
benötigter Energiebedarf (ermittelt)		mögliche Ladekapazität (gemessen)		notwendige Paneelfläche (empfohlen)

5.3 Bemessung der Speicherkapazität

238 Ah/Tag	x	5 Tage	=	1 190 Ah
benötigter Energiebedarf (ermittelt)		Pufferzeit für Tage ohne Sonnenschein (beobachtet)		erforderliche Speicherkapazität der Batterie (empfohlen)

6 Zusammenstellung von Erfahrungswerten

Bezugsgrößen	Kennwert	Randbedingungen
Ladeenergie von Solargeneratoren pro Tag und m² Paneelfläche:	40–60 Ah/m²/Tag	nach Süden ausgerichtete Solarpaneele mit einem Anstellwinkel von 32° zur Horizontalen und möglichst ohne Abschattungen
Ladeenergiebedarf im Verhältnis zum ermittelten Energieverbrauch:	1,3 fach	Batterie-Selbstentladung und Wechselrichterverluste je 2,5 % sowie Leitungsverluste bis 5 %
notwendige Paneel-Nennleistung in Relation zur Speicherkapazität der Batterie:	1 W/2 Ah	Batteriekapazität einschließlich fünf Tage Systemautonomie (= Pufferzeit)
Solarstromkosten:	2 €/kWh	Anschaffungs- und Montagekosten einschl. 16 % Mehrwertsteuer von rd. 15 000 € sowie einer Nutzungsdauer von zwanzig Jahren bei einer Verzinsung von 5% p.a.

7 Anlagenwartung

Anlagenteil	Wartungs-/Kontrollaufgabe	Häufigkeit
Solarpaneele	• Kontrolle Laderegler: Ladestrom (A) Ladespannung (V)	**1 x täglich**
	• Reinigung der Paneelflächen: Belag, Staub etc.	**1 x monatlich**
Speicherbatterie	• Kontrolle des Füllstandes und der Umgebungstemperatur: ggfs. Auffüllen der Zellen mit destilliertem Wasser und Ausfällungen entfernen	**1 x monatlich**
	• Kontrolle des Ladezustandes der Einzelzellen: Messen des spezifischen Gewichtes vom Elektrolyt (Aerometer)	**2–4 x jährlich**
	• Nachziehen der Kabelanschlussverbindungen:	**1 x jährlich**
Wechselrichter	• Wahl des Betriebssystems: Option Vorhaltung (Sparbetrieb) Option Dauerbetrieb	**nach Bedarf und Sonneneinstrahlung**
	• Kontrolle der GS-Eingangs- und WS-Ausgangsgrößen (V, A bzw. V, A, Hz):	**1 x monatlich**
	• Überprüfen der Betriebstemperatur:	**nach Bedarf in den Sommermonaten**
Kabel- und Leitungsverbindungen	• Überprüfung und Nachziehen der Anschlüsse im Gleichstrombereich:	**1 x jährlich**

8 Anhang

8.1 Karte von Formentera

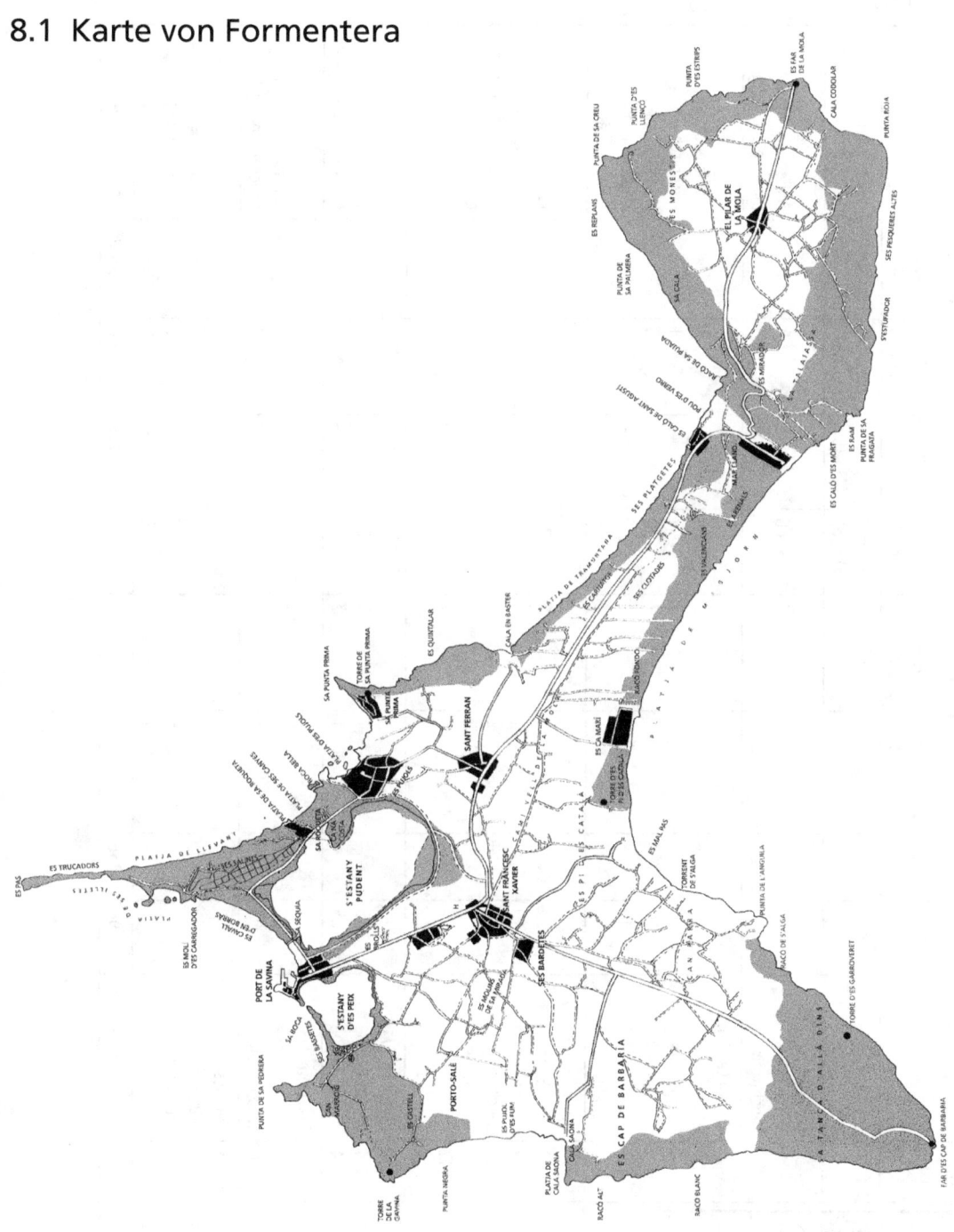

8.2 Solarstrom-Anlage Casa Christiane
(Stand: 1. 7. 2005)

lfd. Nr.	Verbraucher	Leistung GS (Watt)	Leistung WS (Watt)	Nutzungsdauer Stunden (h) pro Tag	Nutzungsdauer Tage (d) pro Woche	Energiebedarf GS (Wh/d)	Energiebedarf WS (Wh/d)	Batteriespeicher GS (Ah/d)	Batteriespeicher WS (Ah/d)	Anmerkungen
(1)	(2)	(3)	(4)	(5)	(6)	(7) = (3) x (5)	(8) = (4) x (5)	(9) = (7) : 12 V	(10) = (8) : 12 V	(11)
	Garage									
1	Glühbirne	12	–	5	7	60	–	5	–	Außenbeleuchtung
2	Leuchtröhre	12	–	0,25	7	3	–	0,25	–	Innenbeleuchtung
	Appartement									
3	Glühbirne	12	–	5	7	60	–	5	–	Hofbeleuchtung
4	Leuchtröhre	12	–	1	7	12	–	1	–	Kochnische
5	Glühbirnen	20	–	1	7	20	–	1,70	–	Nachttischlampe
6	Glühbirne	10	–	1	7	10	–	0,85	–	Deckenleuchte
7	Ventilator	–	53	3	7	–	159	–	13,25	Deckengerät
	Badezimmer III									
8	Glühbirnen	20	–	1	7	20	–	1,70	–	Waschbecken/Spiegel
9	Glühbirne	10	–	1	7	10	–	0,85	–	Deckenleuchte
10	Leuchtröhre	20	–	2	7	40	–	3,40	–	Eingang Badezimmer III
11	Zahnbürste	–	3	0,30	7	–	1	–	0,10	Ladegerät
12	Föhn	–	800	0,25	7	–	200	–	16,70	Reiseföhn
	Zisterne 2/10									
13	Wasserpumpe	85	–	1	7	85	–	7	–	Wasserversorgung
14	Wasserpumpe	85	–	1	7	85	–	7	–	Druckerhöhung
	Zisterne 1/35									
15	Wasserpumpe	85	–	1	7	85	–	7	–	Dachzisterne I + II
16	Wasserpumpe	85	–	1	7	85	–	7	–	Druckerhöhung
	Terrasse									
17	Glühbirne	11	–	1	7	11	–	0,90	–	Terrassenleuchte
18	Glühbirne	11	–	0,25	7	3	–	0,25	–	Seiteneingang
19	Leuchtröhre	6	–	1	7	6	–	0,50	–	Haupteingang
1–19	Übertrag Seite 1	496	856			595	360	49,40	30,05	

[5] Gleichstrom (GS)
[6] Wechselstrom (WS)

lfd. Nr.	Verbraucher	Leistung GS (Watt)	Leistung WS (Watt)	Nutzungsdauer Stunden (h) pro Tag	Nutzungsdauer Tage (d) pro Woche	Energiebedarf GS (Wh/d)	Energiebedarf WS (Wh/d)	Batteriespeicher GS (Ah/d)	Batteriespeicher WS (Ah/d)	Anmerkungen
1–19	**Übertrag Seite 1**	496	856			595	360	49,40	30,05	
	Innenhof									
20	Glühbirne	11	–	1	7	11	–	0,90	–	Eingang Badzimmer I
21	Glühbirne	11	–	1	7	11	–	0,90	–	Dachstiege
22	Glühbirnen	16	–	2	7	32	–	2,70	–	Hofbeleuchtung
	Wohnzimmer									
23	Glühbirnen	22	–	2	7	44	–	3,70	–	Sitzecke/Kamin
24	Glühbirne	11	–	1	7	11	–	0,90	–	Esstisch
25	Glühbirne	10	–	0,50	7	5	–	0,40	–	Anrichte
26	Fernseher	–	115	1,50	7	–	172,50	–	14,40	Dachantennen
	Küche									
27	Leuchtröhre	24	–	1	7	24	–	2	–	Abwaschbecken
28	Elektroherd	–	600	0,10	7	–	60	–	5	Mikrowelle
29	Summer	–	5	24	7	–	120	–	10	Ratenschreck
30	Mixer	–	100	0,10	7	–	10	–	0,80	Zauberstab
	Badezimmer I									
31	Glühbirne	11	–	1	7	11	–	0,90	–	Deckenleuchte
32	Glühbirnen	22	–	1	7	22	–	1,80	–	Waschbecken/Spiegel
33	Waschmaschine	–	800	0,75	7	–	600	–	50	Gastherme
34	Zahnbürste	–	3	6	7	–	18	–	1,50	Ladegerät
35	Föhn	–	800	0,25	7	–	200	–	16,70	Reiseföhn
	Badezimmer II									
36	Leuchtröhre	12	–	0,50	7	6	–	0,50	–	Waschbecken/Spiegel
20–36	**Summe Seite 2**	150	2 423			177	1 180,5	14,70	98,40	
1–36	**Übertrag Seite 2**	646	3 279			772	1 540,5	64,10	128,45	

lfd. Nr.	Verbraucher	Leistung GS (Watt)	Leistung WS (Watt)	Nutzungsdauer Stunden (h) pro Tag	Nutzungsdauer Tage (d) pro Woche	Energiebedarf GS (Wh/d)	Energiebedarf WS (Wh/d)	Batteriespeicher GS (Ah/d)	Batteriespeicher WS (Ah/d)	Anmerkungen
1–36	Übertrag Seite 2	646	3 279			772	1 540,5	64,10	128,45	
37	Schlafzimmer I Glühbirne	12	–	0,50	7	6	–	0,50	–	Deckenleuchte
38	Glühbirne	10	–	1	7	10	–	0,80	–	Nachttischlampe
39	Schlafzimmer II Leuchtröhre	12	–	0,50	7	6	–	0,50	–	Deckenleuchte
40	Glühbirne	10	–	1	7	10	–	0,80	–	Nachttischlampe
41	Schlafzimmer III Leuchtröhre	12	–	1	7	12	–	1	–	Deckenleuchte
42	Glühbirnen	22	–	0,50	7	11	–	0,90	–	Nachttischlampe
37–42	Summe Seite 3	78	–			55	–	4,50	–	
1–42	Gesamtverbrauch	724	3 279			827	1 540,5	68,60	128,45	Grundlage zur Auslegung der Solarstromanlage gemäß Ziff. 5 der Fibel

con ayuda de: / con l'aiuto di: / with support of: / mit Unterstützung von:

- **Conselleria de Medio Ambiente, Formentera:**   Placa Constitucio 1,
  07860 San Francisco
  Tel.:   971 321 087
  Fax.:   971 322 034
  email: Info@formentera.es
  www.formentera.es

- **INSAFOR S.L., Instalaciones, Formentera:**   Ed. Vicent d'en Carlos
  07860 San Francisco
  Tel.:   971 322 047
  Fax.:   971 322 824
  eMail: insafor@eresmas.com

- **SOLUCION, Energia Solar, Formentera:**   Ed. Faro 2–7 (Es Pujols)
  Jordi Electric, Reformas y Mantenimiento: S. Jaume 21 (San Fernando)
  07871 San Fernando
  Tel.:   619 435 708
  Fax.:   971 328 405

- **CARDONA S.L., Instalaciones, Formentera:**   Ctra. La Mola. km 5,6
  07871 San Fernando
  Tel.:   971 328 630

- **Barnie and Frieda Leasen-Sanidas, Denver – USA**

- **Ornella Cattaneo, Milano – I**

- **Rodolfo Tacceo, Formentera – E**

- **Sabrina Gnali, Formentera – E**

- **Korinna Schroll, München – D**

www.ingramcontent.com/pod-product-compliance
Lightning Source LLC
Chambersburg PA
CBHW082336220526
45470CB00008B/2527